大学物理活页习题集

赵长春 郝会颖 主编

邢 杰 李庚伟 吴秀文 田恩科 高 禄 田 丁 张自力
参 编

清华大学出版社
北 京

内 容 简 介

本书是针对高等院校非物理专业的理工科大学物理课的配套习题集。主要内容包括力学、电磁学、热学、光学、量子力学等五个部分，共 26 个单元。题型主要采用填空题和计算题，题目难度适中，既能考查学生对物理基本概念、基本规律的理解，也能考查学生对物理知识的迁移能力和运用能力，具有较强的诊断意义，有利于促进大学物理课的"教"和"学"。

版权所有，侵权必究。举报: 010-62782989，beiqinquan@tup.tsinghua.edu.cn。

图书在版编目(CIP)数据

大学物理活页习题集/赵长春，郝会颖主编. —北京: 清华大学出版社，2018(2025.4重印)
ISBN 978-7-302-50923-3

Ⅰ. ①大… Ⅱ. ①赵… ②郝… Ⅲ. ①物理学－高等学校－习题集 Ⅳ. ①O4-44

中国版本图书馆 CIP 数据核字(2018)第 186800 号

责任编辑: 朱红莲
封面设计: 常雪影
责任校对: 赵丽敏
责任印制: 杨 艳

出版发行: 清华大学出版社
网　　址: https://www.tup.com.cn, https://www.wqxuetang.com
地　　址: 北京清华大学学研大厦 A 座　　邮　　编: 100084
社 总 机: 010-83470000　　邮　　购: 010-62786544
投稿与读者服务: 010-62776969, c-service@tup.tsinghua.edu.cn
质量反馈: 010-62772015, zhiliang@tup.tsinghua.edu.cn
印 装 者: 三河市铭诚印务有限公司
经　　销: 全国新华书店
开　　本: 185mm×260mm　　印　张: 10.25　　字　　数: 245 千字
版　　次: 2018 年 8 月第 1 版　　印　　次: 2025 年 4 月第 10 次印刷
定　　价: 32.00 元

产品编号: 080526-02

序
PREFACE

　　大学物理是理工科各专业的一门重要基础课。它所阐述的物理学基本知识、基本概念、基本规律和基本方法,不仅是学生继续学习专业课程和其他科学技术的基础,而且也是培养和提高学生科学素质、科学思维方法和科学研究能力的重要内容。在学习过程中,完成一定量的习题可以帮助学生进一步理解和掌握物理知识及其应用,是不可或缺的环节。

　　本习题集由中国地质大学(北京)物理教研室一线教师在多年习题课教学的基础上,参考大量的国内外同类书籍编撰而成。其题集包括五部分内容:第一部分是力学,有6个教学单元,其中1~3单元由高禄编写,4~6单元由郝会颖编写;第二部分是电磁学,有10个教学单元,1~5单元由邢杰编写,6~10单元由李庚伟编写;第三部分是热学,有3个教学单元,1~2单元由赵长春编写,3单元由张自力编写;第四部分是光学,有5个教学单元,1~2单元由田恩科编写,3~5单元由吴秀文编写;第五部分是量子力学,有2个单元,由田丁编写。此习题集在本校试用过三年并进行完善。

　　本习题集采用活页形式,具有规范、方便、易于提交、便于反馈的优势,可作为高等院校非物理专业的大学物理课程的配套练习使用。

　　本活页习题的出版得到了清华大学出版社有限公司的大力支持,在书稿的校对、插图上给予部分修正,在此表示衷心的感谢!

目录

CONTENTS

第一部分　力学 ·· 1

　　单元 1　质点运动学 ··· 3
　　单元 2　牛顿运动定律 ·· 7
　　单元 3　动量与角动量 ··· 11
　　单元 4　功和能 ·· 15
　　单元 5　刚体的定轴转动 ·· 19
　　单元 6　狭义相对论基础 ·· 23

第二部分　电磁学 ··· 27

　　单元 1　静止电荷的电场 ·· 29
　　单元 2　电势 ··· 33
　　单元 3　静电场中的导体 ·· 39
　　单元 4　静电场中的电介质 ··· 43
　　单元 5　恒定电流 ··· 47
　　单元 6　磁场的源 ··· 49
　　单元 7　磁力 ··· 53
　　单元 8　磁场中的磁介质 ·· 57
　　单元 9　电磁感应 ··· 59
　　单元 10　麦克斯韦方程组 ·· 67

第三部分　热学 ·· 71

　　单元 1　分子运动论 ·· 73
　　单元 2　热力学第一定律 ·· 77
　　单元 3　热力学第二定律 ·· 81

第四部分　光学 ·· 85

　　单元 1　振动 ··· 87
　　单元 2　波动 ··· 91

单元 3　光的干涉 ·· 95
　　单元 4　光的衍射 ·· 99
　　单元 5　光的偏振 ··· 103

第五部分　量子力学 ··· 105
　　单元 1　波粒二象性 ··· 107
　　单元 2　氢原子的玻尔理论 ··· 109

习题答案 ·· 111

第一部分

力 学

专业_____ 学号_____ 成绩_____

班级_____ 姓名_____

单元 1　质点运动学

一、填空题

1. 有一个喷泉喷出水的流量是 $q=280$ L/min，水的流速 $v_0=26$ m/s。若喷泉竖直向上喷射，水流上升的高度是_____，在任一瞬间空中水的体积是_____。

2. 质点作半径为 R 的变速圆周运动时，其加速度大小应为（其中 v 表示任意时刻质点的速率）_____。

3. 一小球沿斜面向上运动，其运动方程为 $s=7+2t-t^3$（SI），则小球运动到最高点的时刻应是_____。

4. 距河岸（看成直线）500 m 处有一艘静止的船，船上的探照灯以转速为 $n=1$ r/min 转动。当光束与岸边成 60°时，光束沿岸边移动的速率 $v=$_____。

5. 半径为 30 cm 的飞轮，从静止开始以 0.50 rad/s² 的匀角加速度转动，则飞轮边缘上一点在飞轮转过 240°时的切向加速度的大小 $a_t=$_____，法向加速度的大小 $a_n=$_____。

6. 一质点作半径为 200 m 的匀加速圆周运动，已知当 $t=0$ 时质点的速率为零，$t=20$ s 时，速率为 2 m/s，则 $t=1$ min 时，质点的加速度大小为_____。

二、计算题

1. 一质点的运动方程为 $x=6t-t^2$（SI），求在 0～4 s 的时间间隔内，

(1) 质点的位移大小；

(2) 质点走过的路程。

2. 一个人自原点出发，25 s 内向东走 30 m，又 10 s 内向南走 10 m，再 15 s 内向正西北走 18 m。求在这 50 s 内，

(1) 平均速度的大小和方向；

(2) 平均速率的大小。

3. 一飞机驾驶员想往正北方向航行,而风以 60 km/h 的速度由东向西刮来。如果飞机的航速(在静止空气中的速率)为 180 km/h,试问:(1)驾驶员应取什么方向航行?(2)飞机相对于地面的速率为多少?试用矢量图说明。

4. 如图 1.1 所示,质点 P 在水平面内沿一半径为 $R=2$ m 的圆轨道转动。转动的角速度 ω 与时间 t 的函数关系为 $\omega=kt^2$(k 为常量)。已知 $t=2$ s 时,质点 P 的速度值为 32 m/s。试求 $t=1$ s 时,质点 P 的速度与加速度的大小。

图 1.1

5. 一物体作如图 1.2 所示的斜抛运动,测得在轨道 A 点处速度的大小为 v,其方向与水平方向夹角成 $30°$,求物体在 A 点的切向加速度大小和轨道的曲率半径。

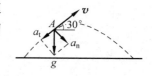

图 1.2

三、思考题

1. 一质点在平面上作一般曲线运动,其瞬时速度为 $\vec{v}$,瞬时速率为 v,某一段时间内的平均速度为 $\bar{\vec{v}}$,平均速率为 $\bar{v}$。问:瞬时速度大小 $|\vec{v}|$ 与瞬时速率 v 是否相等?平均速度大小 $|\bar{\vec{v}}|$ 与平均速率 $\bar{v}$ 是否相等?

2. 圆周运动中质点的加速度是否一定和速度方向垂直?如果不一定,则其加速度的方向在什么情况下偏向运动的前方?

专业_____ 学号_____ 成绩_____

班级_____ 姓名_____

单元 2 牛顿运动定律

一、填空题

1. 一个行星绕太阳的周期为 T，与太阳的平均距离为 R，则 T^2 与_____成正比(填写 R 的函数)。

2. 一根绳子跨过一个光滑的定滑轮，一端被质量为 m 的人拉着，另一端悬挂一质量为 M 的重物，$M=2m$。物体与人均悬在空中，若人相对绳子以加速度 a_0 向上爬，则人相对地面的加速度为_____(以竖直向上为正方向)。

3. 在距离水平转台转轴 R 处，有一质量为 m 的物体以角速度 ω 随转台作匀速圆周运动，物体与转台之间的静摩擦系数为 μ_0，若使物体在转台上无滑动，则转台的角速度为_____。

4. 如图 1.3 所示，一物体放在车厢的前方，已知物体与车厢间的静摩擦系数为 μ_0，为保证物体不会掉下来，车厢与物体运动的加速度 a 需要满足_____。

图 1.3

5. 一质量为 10 kg 的质点，在力 $F=120t+40$ N 作用下，沿一直线运动。当 $t=0$ 时，质点在 $x_0=5$ m 处的速度为 $v_0=6$ m/s，则该质点在任一时刻的速度为_____，位置为_____。

6. 火车在水平轨道上以匀加速度 a 向前行驶，在车中悬挂一小球，悬线与竖直方向成 θ 角而静止，则 θ 为_____。

7. 空气中垂直下落的物体所受空气阻力 f 与空气的密度 ρ、物体的有效横截面积 S、下落的速度 v 的平方成正比，即阻力的大小可表示为 $f=c\rho S v^2$，其中 c 为阻力系数，$c=0.5$，$\rho=1.2$ kg/m³。物体下落一段时间后将达匀速，这称为终极速率。试估算质量为 80 kg、有效横截面积为 0.6 m² 的人从高空跳下，他下落的终极速率为_____。

8. 一物块与小车底板间的静摩擦系数为 0.25。当小车沿着倾角为 10°的缓坡向上加速行驶时，为了使物块相对小车无滑动，小车的最大加速度为_____(注：sin10°=0.1736，cos10°=0.9848)。

二、计算题

1. 质量为 m 的子弹以速度 v_0 水平射入墙壁中。设子弹所受阻力与速度方向相反，大小与速度成正比，比例系数为 k，忽略子弹的重力，求在墙壁中，速度随时间变化的函数及子弹最大的射入深度。

2. 有一个质量为 m，半径为 r 的球形容器，由水面静止释放沉入水底。设水的黏滞阻力大小为 $f=18.8\eta r v$，其中 η 是水的黏滞系数，v 为球形容器下沉的速度。试求容器的下沉速度 v 与时间的函数关系（设容器竖直下沉）。

3. 飞机降落时的着地速度大小 $v_0=90$ km/h，方向与地面平行，飞机与地面间的摩擦系数 $\mu=0.10$，迎面空气阻力为 $c_x v^2$，升力为 $c_y v^2$（v 是飞机在跑道上的滑行速度，c_x 和 c_y 均为常数）。已知飞机的升阻比 $k=c_y/c_x=5$，求飞机从着地到停止这段时间所滑行的距离（设飞机刚着地时对地面无压力）。

4. 如图 1.4 所示，叠放着三块完全相同的物体，每块物体的质量为 m，设各接触面之间的静摩擦系数与滑动摩擦系数相同，均为 μ。若要将最底下的一块物体抽出，问作用在其上的水平力 F 至少为多大？

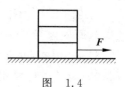

图 1.4

5. 如图1.5所示,一轻绳拴在电梯的天花板上,轻绳下端系一小球。当电梯以 $a=2$ m/s² 的加速度上升时,绳中的张力正好等于绳子所能承受的最大张力的 1/3。为避免轻绳不被拉断,问电梯上升时的加速度不能超过多少?

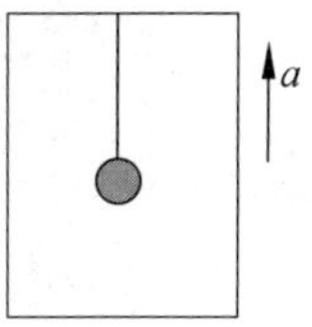

图 1.5

三、思考题

哈勃空间望远镜在距地面 610 km 的圆周轨道上,求望远镜的轨道速率、周期,在此位置时的逃逸速率分别是多少(自行查阅与地球相关的力学参数)?

专业_____　　学号_____　　成绩_____
班级_____　　姓名_____

单元3　动量与角动量

一、填空题

1. 质量为20 g的子弹，以400 m/s的速率沿图1.6所示方向射入一原来静止的质量为980 g的摆球中，摆线长度不可伸缩，则子弹射入后与摆球一起运动的速度大小 $v=$_____。

2. 质量为M(含炮弹)的大炮，在一倾角为θ的光滑斜面上下滑(见图1.7)。当它滑到某处速率为v_0时，从炮内沿水平方向射出一质量为m的炮弹。欲使炮车在发射炮弹后的瞬时停止滑动，则炮弹出口速率 $v=$_____。

3. 质量m为10 kg的木箱放在地面上，在水平拉力F的作用下由静止开始沿直线运动，其拉力随时间的变化关系如图1.8所示。若已知木箱与地面间的摩擦系数μ为0.2，那么在$t=4$ s时，木箱的速度大小为_____；在$t=7$ s时，木箱的速度大小为_____。(g取10 m/s^2)

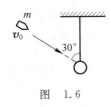
图　1.6

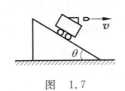
图　1.7

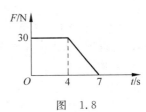
图　1.8

4. 圆锥摆的摆球质量为m，速率为v，圆周半径为R，当摆球在轨道上运动半周时，摆球所受重力冲量的大小为_____。

5. 面粉在加工过程中靠皮带传送，皮带上方有加料斗。已知皮带的质量为M，每秒要运质量为m的面粉，如果皮带的速率为v，则面粉作用在皮带上的水平力为_____。

6. 质量为m的小球在水平面内作匀速圆周运动，圆周的周长为L，经过一段圆弧运动时，动量改变量的方向距开始时45°，且指向圆心，则这段弧长为_____。

7. 质量为1 kg的小球，以3 m/s的恒定速率经过一水平光滑轨道的60°弯角时，作用于小球的冲量的大小为_____。

二、计算题

1. 如图1.9所示，质量为M的滑块正沿着光滑水平地面向右滑动，一质量为m的小球水平向右飞行，以速度v_1(对地)与滑块斜面相碰，碰后竖直向上弹起，速率为v_2(对地)。若碰撞时间为Δt，(忽略重力mg)，试计算此过程中滑块对地的平均作用力和滑块速度增量的大小。

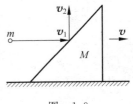
图　1.9

2. 半径为 R、质量为 M、表面光滑的半球放在光滑水平面上,在其正上方有一个质量为 m 的小滑块。当小滑块从顶端无初速度下滑后,在与竖直方向成 θ 角的位置开始脱离半球。已知 $\cos\theta=0.7$,求 M 与 m 的比值。

3. 在打台球时,下面的规律十分重要:除对心碰撞外,任何两个质量相等的小球作完全弹性碰撞时,如果一个小球最初静止,则碰撞后总是沿着垂直的方向分离开来。试通过计算证明上述规律。

4. 三艘质量都等于 M 的小船鱼贯而行,它们以速率 v 在静止水面上作直线运动。若中间的那只船以相对船的速率 v' 分别同时向前后两船抛出质量均为 m 的物体,这两个物体分别落在前后两只船上。物体落到船上后,在不计水的阻力条件下,问三只船的速率各是多少?

三、思考题

1. 一绳子跨过定滑轮,若绳和定滑轮的质量不计,且忽略轴上的摩擦。绳子的一端挂有香蕉,另一端有一个猴子,且香蕉与猴子的质量均为 m,思考:猴子能否吃到香蕉?

2. 一个人躺在地上,身上压一块重石板,一人用重锤猛击石板,只见石板破裂,下面的人毫无损伤,为什么?

专业_____ 学号_____ 成绩_____

班级_____ 姓名_____

单元 4 功 和 能

一、填空题

1. 质量为 1 kg 的小球在 $t=0$ 时刻由静止开始在光滑的水平桌面上沿某一直线运动，在此直线上建立 x 轴，已知小球所受拉力 F 始终为 x 轴的正方向，且与时间的函数关系为 $F=3t$。则 2 s 内变力 F 所做的功为_____。

2. 如图 1.10 所示，质量为 3 kg 的小球系在弹性系数为 200 N/m 的轻弹簧一端，弹簧的另一端固定在 O 点。开始时弹簧在水平位置，处于自然状态，原长为 0.3 m。小球由位置 C 释放，下落到 O 点正下方位置 D 时，弹簧的长度为 0.5 m，则小球到达 D 点时的速度 v_D 大小为_____。

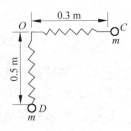

图 1.10

3. 质量为 1000 kg 的小行星撞击地球所释放的引力势能为_____（注：已知地球的质量为 6.0×10^{24} kg，半径为 6.4×10^6 m，设初始时小行星距离地球无限远）。

4. 一个质点在某过程中的位移为：$\Delta \boldsymbol{r}=3\boldsymbol{i}-6\boldsymbol{j}+9\boldsymbol{k}$(SI)，质点所受的沿 x 轴方向的作用力恒为 4 N，且沿 x 轴正向，则此力在该位移过程中所做的功为_____。

5. 低速情况下，下列物理量：动能、动量、功、质量、力的测量值与参考系选择有关的是：_____。

6. 两质点间的一对作用力与反作用力所做功之和与参考系选择_____（填"有关"或"无关"）。

7. 系统内力_____（填"能"或"不能"）改变系统总动量，_____（填"能"或"不能"）改变系统总动能。

二、计算题

1. 如图 1.11 所示，一长为 a、质量为 m 的匀质链条，放在光滑的桌面上，其长度的 1/3 悬挂于桌下。问：若将其慢慢拉回桌面，外力需做多少功？

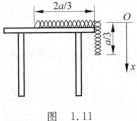

图 1.11

2. 如图1.12所示,质量为 $m=1$ kg 的物体挂在弹性系数为 $k=100$ N/m 的弹簧的一端,弹簧的另一端与不可伸长的绳子相连,绳子绕过定滑轮。设作用在绳子上的力为 F,开始时弹簧处于自然状态,求在把绳子下拉 30 cm 的过程中,F 所做的功。(滑轮质量不计,轴光滑)

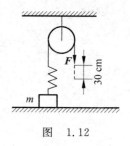

图 1.12

3. 已知地球和月球的质量分别为 6×10^{24} kg 和 7.35×10^{22} kg,月球绕地球的运动轨迹可近似看成圆,且圆周运动的半径约为 3.84×10^{8} m。

(1) 求地-月系统的机械能;

(2) 若将月球移到半径为 1.2×10^{9} m 的轨道上运动,外界必须提供多少能量?

4. 一质量为 $m=3$ kg 的小球置于光滑的水平地面上,初始时刻速度为零,受到沿 x 轴(水平方向)正向的作用力 F。在 $0\sim12$ s 内,力的大小可表示为

$$F(t)=\begin{cases}3t^2, & 0\leqslant t\leqslant 6\\ 10, & 6<t\leqslant 12\end{cases}$$

力的方向不变,那么在此过程中,F 所做的功相当于小球从距离地面多高处下落重力所做的功?

5. 一质量为 5 kg 的质点在初始时刻的速度为 $v_0 = 3j + 4k$，末时刻的速度为 $v = 5i + 8k$，求在此过程中质点所受合外力做的功。

6. 水平面上一个质量为 2 kg 的质点与一弹性系数 $k = 100$ N/m 的轻质弹簧相连，质点在平衡位置附近运动，偏离平衡位置的最大位移为 0.2 m。以平衡位置为原点，沿质点运动方向建立 x 轴，并设 x 轴正向为弹簧伸长方向，求：

（1）质点动能与系统势能相等的位置；

（2）质点在上述位置处的速度及加速度。

三、思考题

1. 功的计算是否依赖参考系？势能是否与参考系的选择有关？

2. 从对称性的角度分析保守系统与非保守系统的区别。

专业＿＿＿＿＿＿＿　　学号＿＿＿＿＿＿＿＿　　成绩＿＿＿＿＿＿＿

班级＿＿＿＿＿＿＿　　姓名＿＿＿＿＿＿＿＿

单元 5　刚体的定轴转动

一、填空题

1. 质量为 m 的人站在一水平转台(可视为质量均匀分布的薄圆盘)的边缘上,转台可绕通过其中心的竖直光滑固定轴自由转动,转台半径为 r,质量为 M。最初人与转台均相对地面静止。某时刻人突然以相对于地面的速率 v 沿转台边缘顺时针运动,则这时转台相对地面的角速度为＿＿＿＿＿＿＿＿。

2. 某半径为 $0.5\ \text{m}$ 的定滑轮作匀角加速定轴转动。已知初始时刻定滑轮的角速度为 $5\ \text{rad/s}$,经过 $1\ \text{s}$ 后,滑轮的角速度变为 $7\ \text{rad/s}$,则再经过 $4\ \text{s}$ 后,滑轮边缘任一点的切向加速度为＿＿＿＿＿＿＿＿,法向加速度为＿＿＿＿＿＿＿＿。

3. 如图 1.13 所示,一质量为 m、长为 l 的均匀细杆绕 A 轴做定轴转动,某时刻有一力 F 垂直作用在杆的一端,则该时刻杆所获得的角加速度为＿＿＿＿＿＿＿＿。

4. 如图 1.14 所示,一定滑轮质量为 M,可绕垂直其盘面的光滑轴转动。质量为 m 质点通过细绳悬挂一端,忽略绳的质量,并将定滑轮看成质量均匀分布的薄圆盘,则 m 的加速度为＿＿＿＿＿＿＿＿。

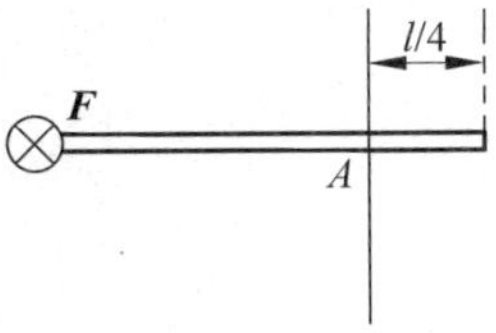

图　1.13 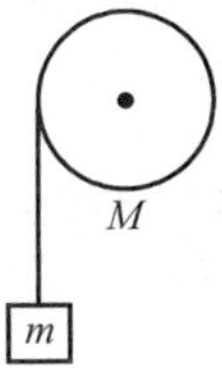　　　　　　图　1.14

5. 一匀质圆柱体绕其中心轴在水平面内作无滑滚动,设其对中心轴的转动惯量为 J,半径为 r,所受到的静摩擦力为 f,则圆柱体所获得的角加速度为＿＿＿＿＿＿＿＿。

6. 刚体作定轴转动,外力 F 作用于刚体某点 P,设一微元过程中 P 点的元位移为 $\text{d}\boldsymbol{r}$,则在此微元过程中,外力 F 对轴的力矩的元功＿＿＿＿＿＿＿＿。

7. 如图 1.15 所示,半径为 r、质量为 m 的均匀圆环绕通过其端点的竖直轴在水平面内作定轴转动,转动的角速度为 ω,求其对此轴的角动量＿＿＿＿＿＿＿＿。

8. 如图 1.16 所示,一半径为 R 的定滑轮可绕通过其中心的光滑轴转动,设定滑轮对其中心轴的转动惯量为 J。定滑轮上绕有细绳,细绳的另一端受到一恒定的拉力 F,则定滑轮由静止开始转过 $180°$ 时的角速度为＿＿＿＿＿＿＿＿,角加速度为＿＿＿＿＿＿＿＿。

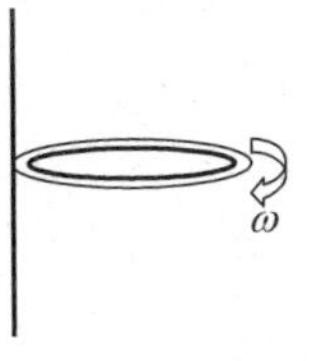

图　1.15　　　　　　图　1.16

二、计算题

1. 如图 1.17 所示,半径不同的两圆轮同轴并固结在一起,可绕通过其中心且垂直轮面的水平光滑固定轴转动,转动惯量 J 为 $0.02 \text{ kg} \cdot \text{m}^2$。现有一轻绳绕在小圆轮上,绳子另一端挂一质量 $m=0.8 \text{ kg}$ 的物体。另一轻绳绕在大圆轮上,绳的另一端施加一恒定拉力 F 使得物体 m 匀速上升,速率 $v_0=0.5 \text{ m/s}$。设小圆轮的半径 $r=0.2 \text{ m}$,求撤去外力 F 后,经历多长时间圆轮开始反方向转动?

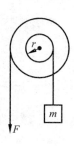

图 1.17

2. 如图 1.18 所示,一匀质细棒长为 L,质量为 m,两端各固定一质量为 m_0 的小球。当棒在光滑水平面内以与棒长方向相垂直的速度 v_0 平动时,与前方一固定的光滑支点 O 发生完全非弹性碰撞。碰撞点位于 m_0 下方 $L/4$ 处。求棒在碰撞后的瞬时绕点 O 转动的角速度 ω。

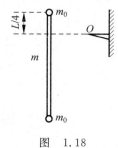

图 1.18

3. 一定滑轮可绕通过其中心的光滑轴转动,其半径 $R=1 \text{ m}$,滑轮边缘绕一细绳(质量可忽略),绳的下端挂一质量为 $m=1 \text{ kg}$ 的物体,如图 1.19 所示。绳与定滑轮之间无相对滑动,若物体在 2 s 内由静止下落了 1 m,求定滑轮的转动惯量。

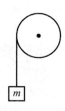

图 1.19

4. 如图 1.20 所示,一圆盘可绕垂直于盘面的水平光滑固定轴 O 转动,已知圆盘的半径为 $R=0.2$ m,圆盘对轴的转动惯量为 $J=0.1$ kg·m^2,初始时刻圆盘保持静止。一质量 $m=1$ kg 的黏土块以 $v_0=4.9$ m/s 的速度在水平方向上运动,轴 O 到 m 运动方向的垂直距离为 $r=0.1$ m,黏土块与圆盘发生碰撞后粘在圆盘上,求:

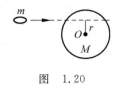

图 1.20

(1) 碰撞后瞬间黏土块与圆盘的角速度;

(2) 碰撞后圆盘第一次静止时黏土块的位置(提示:可用黏土块与 O 轴的连线与竖直方向的夹角来表示);

(3) 当黏土块达到最低点时,圆盘的角速度。

5. 如图 1.21 所示,一固定斜面倾角为 α。斜面顶端有一定滑轮,半径为 R,转动惯量为 J。滑轮上缠绕一根绳索,绳索一端受到拉力 F,另一端牵引质量为 m 的物体沿斜面向上滑动(此时绳与斜面平行),不计绳质量。物体与斜面间的摩擦系数为 μ,求物体上滑的加速度。

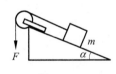

图 1.21

三、思考题

1. 花样滑冰运动员通过作什么动作可以使自己高速旋转起来？

2. 猫可以从很高的地方以"四脚朝天"的姿势下落而不受伤，试解释这一现象。

专业_____   学号_____   成绩_____

班级_____   姓名_____

单元6　狭义相对论基础

一、填空题

1. 同时性的相对性是_____的直接推论。

2. 将长为 1 m、宽为 0.5 m 的矩形板放在火车上,当火车以 $0.8c$ 的速度相对地面运动时,地面上的观察者测得的矩形板的面积为_____,火车上的乘客测得的矩形板的面积为_____(假设火车的运动方向与矩形板的长边方向相平行)。

3. 地面的教室中一节时长为 50 min 的课在相对地面以 $0.9c$ 运动的宇宙飞船上测量为_____ min。

4. 汽车以恒定的速度 v 沿平直的公路行驶,则汽车灯发出来的光相对地面的速度是_____。

5. 当静止质量为 m_0 的物体以 $0.8c$ 的速度运动时,所具有的动能为_____,总能量为_____,静能为_____。

二、计算题

1. 当 π^+ 介子相对实验室静止时测得其寿命为 2.6×10^{-8} s,当 π^+ 介子以 $0.9c$ 的速度相对实验室运动时,测得其径迹长度为多少?

2. 一辆车身长为 100 m 的火车以 $v=0.8c$ 的速度在地面上行驶,经过地面的某点 A。问:

(1) 位于 A 点的观测者测量火车车身通过 A 点的时间间隔是多少?

(2) 火车上的乘客测得车身通过 A 点的时间间隔是多少?

3. 已知一微观粒子静止时的能量为 105.7 MeV，平均寿命为 2.2×10^{-8} s。试求当此粒子动能为 150 MeV 时，其速度 v 是多少？平均寿命 τ 是多少？平均运动径迹为多长？

4. 宇宙飞船相对于地面作匀速直线运动，速度为 $\frac{3}{5}c$，地面上学生在教室里上一节课的时间为 50 min。设打上课铃为事件 1，打下课铃为事件 2，求：
   (1) 宇航员测得这一节课的时间；
   (2) 宇航员测得事件 1 和事件 2 发生地点的距离。

三、思考题

1. 时空测量的相对性是否会改变因果律？为什么？

2. 一个相对于观察者运动的时钟所测量的"1 s"与一系列静止的时钟所测量的"1 s"相比，是长还是短？

3. 能否把一个静止质量为 m_0 的小球加速到光速？为什么？

第二部分

电 磁 学

单元1　静止电荷的电场

一、填空题

1. 电荷的基本单元是_____。
2. 电荷的相对论不变性是指_____。
3. 电荷的基本性质：_____
4. 如图 2.1 所示，无限大带电平板厚度为 d，电荷体密度为 ρ（设均匀带电），则在板内距中心 O 为 x 处的 P 点的场强为_____，在板外距中心 O 为 x 处的 P 点的场强为_____。
5. 一沿 x 轴放置的无限长分段均匀带电直线，如图 2.2 所示，电荷线密度分别为 $+\lambda(x>0)$ 和 $-\lambda(x<0)$，则 xOy 平面上 $(0,a)$ 点处的场强为_____。
6. 如图 2.3 所示，在边长为 a 的正方形平面的中垂线上，距中心点 $a/2$ 处，有一电量为 q 的正点电荷，则通过该平面的电场强度通量为_____。

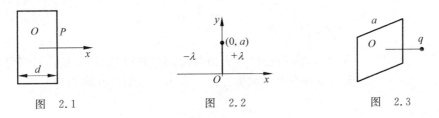

图 2.1　　　　　图 2.2　　　　　图 2.3

7. 半径为 R 的细圆环，如图 2.4 所示，圆心在坐标系的原点上。圆环所带电荷的线密度 $\lambda=A\cos\theta$，其中 A 为常量，则圆心处的电场强度_____。
8. 如图 2.5 所示，在点电荷 q 的电场中，取一半径为 R 的圆形平面，设 q 在垂直于平面并通过圆心的轴线上 A 点处，圆形边缘和 q 的连线与轴的夹角为 α，则通过此平面的电通量（取平面法线背离 q）为_____。

图 2.4　　　　　图 2.5

9. 一半径为 R 的带电球体，带电量为 Q，当电荷均匀分布在球面上时，球体内任意点 P（离球心距离 r）的场强大小为 $E_{P1}=$_____；当电荷均匀分布在球体上时，球体内任意点 P（离球心距离 r）的场强大小为 $E_{P2}=$_____；当电荷体密度 $\rho\propto r$ 时，

球体内任意点 P(离球心距离 r)的场强大小为 $E_{P3}=$ _____；当电荷体密度 $\rho \propto 1/r$ 时，球体内任意点 P(离球心距离 r)的场强大小为 $E_{P4}=$ _____。

二、计算题

1. 半径为 R 的无限直圆柱体内均匀带电，电荷体密度为 ρ_e，求场强分布。

2. 如图 2.6 所示，三个无限大的平行放置的均匀带电板，电荷的面密度分别是 $\sigma_1, \sigma_2, \sigma_3$，并且 $\sigma_1=\sigma_2=-\sigma_3=\sigma$，求空间场强分布。

图 2.6

3. 半径分别为 R_1 和 R_2 的无限长同轴直薄圆筒均匀带电，沿轴线单位长度电量分别为 λ_1 和 λ_2，求空间各区域内的场强分布；如果 $\lambda_1=-\lambda_2=\lambda$，则结果又将如何？

4. 一半径为 R 的均匀带电圆环，带有电荷 Q，水平放置。在圆环轴线上方离圆心 R 处，有一质量为 m、带电荷为 q 的小球。当小球从静止下落到圆心位置时，它的速度是多少？

三、思考题
1. 电力线代表点电荷在电场中的运动轨迹吗？

2. 高斯面上的场强仅仅由面内电荷决定吗？如果有一个电荷恰好位于高斯面上，则通过闭合高斯面上的场强通量积分应该和高斯面包围电荷代数和成正比，那么这个边界上的电荷算面内还是面外呢？

3. 高斯定理中高斯面是指某个特殊的面吗？根据高斯定理求解场强时，高斯面选取的原则是什么？

4. 库仑定律和高斯定理的关系是什么？如果库仑力偏离了平方反比律,高斯定理还成立吗？

5. 两带等量异号电量 q 的平行板之间的静电力是多少？是 $f = \dfrac{q^2}{4\pi\varepsilon_0 d^2}$ 吗？（设板的面积为 S,相对距离为 d。）

专业_____ 学号_____ 成绩_____

班级_____ 姓名_____

单元 2 电　　势

一、填空题

1. 空气的击穿电场强度为 2×10^6 V/m，直径为 0.10 m 的导体球在空气中时的最大带电量为_____。

2. 两个同心的均匀带电球面，内球面半径为 R_1，带电量 Q_1，外球面半径为 R_2，带电量为 Q_2，设无穷远处为电势零点，则内球面上的电势为 $U=$_____。

3. 一个未带电的空腔导体球壳，内半径为 R。在腔内离球心距离为 d 处 ($d<R$) 固定一点电荷 $+q$。用导线把球壳接地后，再把地线撤去。选无穷远处为电势零点，则球心 O 处的电势为_____。

4. 若静电场的某个区域电势等于恒量，则该区域的电场强度为_____，若电势随空间坐标作线性变化，则该区域的电场强度分布为_____。

5. 真空中边长为 $2a$ 的立方体导体带有电量 Q，静电平衡时全空间的电场总能量为 W_1；真空中半径为 a 的球形导体带有电量 Q，静电平衡时全空间的电场总能量为 W_2。则有 W_1_____W_2（填"<"">"或"="）。

6. 一均匀静电场，电场强度 $\mathbf{E}=(400\mathbf{i}+600\mathbf{j})\mathrm{V\cdot m^{-1}}$，则点 $a(3,2)$ 和点 $b(1,0)$ 之间的电势差为_____（点的坐标 x、y 以 m 计）。

7. 已知某静电场的电势函数 $U=6x-6x^2y-7y^2$ (SI)，则点 $(2,3,0)$ 处的电场强度 $\mathbf{E}$ 是_____（点的坐标 x、y、z 以 m 计）。

8. 半径为 R 的导体球原不带电，在离球心为 a 的一点处放一个点电荷 q，则导体球的电势为_____（设无穷远的电势为零）。

9. 在静电场中，场强沿任意闭合路径的积分等于零，表明静电场的电力线_____。

10. M、N 为静电场中邻近两点，场强由 M 指向 N，则 M 点的电位_____N 点的电位，负检验电荷在 M 点的电位能_____在 N 点的电位能（填"大于""等于"或"小于"）。

11. 静电场的高斯定理和环路定理分别说明了静电场是_____场和_____场。

12. 在相距为 $2R$ 的点电荷 $+q$ 与 $-q$ 的电场中，把点电荷 $+Q$ 从 O 点沿 OCD 移到 D 点（如图 2.7 所示），则电场力所做的功为_____。

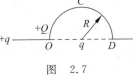

图　2.7

二、计算题

1. AC 为一根长为 $2l$ 的带电细棒，左半部均匀带有负电荷，右半部均匀带有正电荷，电荷线密度分别为 $-\lambda$ 和 λ，如图 2.8 所示。O 点在棒的延长线上，距 A 端的距离为 l，P 点在棒的垂直平分线上，到棒的垂直距离为 l。以棒的中点 B 为电势的零点，则 O 点的电势、P 点的电势各是多少？

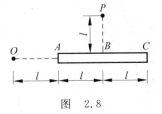

图　2.8

2. 一锥顶角为 θ 的圆台如图 2.9 所示,上下底面半径分别为 R_1 和 R_2,在它的侧面上均匀带电,电荷面密度为 σ,求顶点 O 的电势(以无穷远处为电势零点)。

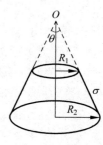

图 2.9

3. 一均匀带电球壳,其电荷体密度为 ρ,球壳内表面半径为 R_1,外表面半径为 R_2,设无穷远处为电势零点,求球壳内外表面的电势。

4. 厚度为 $2d$ 的均匀带电无限大平板,如图 2.10 所示,电荷体密度为 ρ,求电势分布。

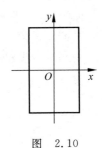

图 2.10

5. 如图 2.11 所示,在半径为 r_1、体电荷密度为 ρ 的均匀带电导体球内,挖去一个半径为 r_2 的小球体。空腔中心 O_2 与带电球中心 O_1 之间的距离为 a,求空腔内任一点的场强。

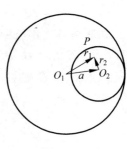

图 2.11

6. 电荷均匀分布在半径分别为 $r_1=10$ cm 和 $r_2=20$ cm 的两个同心的相当长的金属圆柱壳上,设两个圆柱壳之间的电势差为 300 V,求内圆柱壳外表面的线电荷密度是多少?

7. 一边长为 a 的正三角形，其三个顶点上各放置 q、$-q$、$-2q$ 的点电荷，求：此电荷系的静电能是多少？此正三角形重心上的电势是多少？如果将一电量为 Q 的点电荷由无穷远处移到重心上，电场力要做多少功？

8. 三根等长绝缘棒连成正三角形，每根棒上均匀分布等量同号电荷，测得图 2.12 中 P、Q 两点（均为相应正三角形的重心）的电势分别为 φ_P 和 φ_Q。若撤去 BC 棒，则 P、Q 两点的电势为 φ'_P 和 φ'_Q 各是多少？

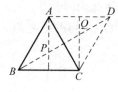

图 2.12

9. 两同心均匀带电圆弧，带电线密度分别为 λ、$-\lambda$，两圆弧所张圆心角为 θ，半径分别为 R_1、R_2，如图 2.13 所示，则两圆弧在圆心处产生电场的电场强度和电势分别是多少？

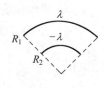

图 2.13

三、思考题

1. 两导体球 A、B 相距很远,其中 A 原来带电,B 不带电。现用一根细长导线将两球连接,问电荷将按照怎样的比例在两球上分配?

2. 问：将一个带电导体接地后,其上电荷会全部跑掉吗?为什么?就此导体球附近有无其他带电体分别进行讨论。

3. 电场线分布如图 2.14 所示,这个电场是否是静电场?试证明你的结论。

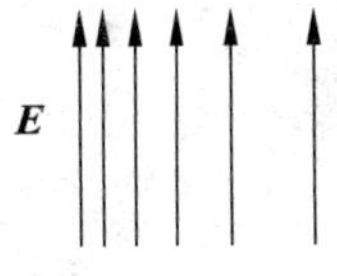

图 2.14

4. 电势和场强的关系是什么？电势相等的地方，场强相等吗？电势为零处，场强为零吗？场强为零处，电势为零吗？已知某一点的场强，能求出该点的电势吗？

5. 对于无限大带电体，为什么不能把无穷远作为电势零点？

6. 总结一下求电场的几种常用方法。

专业_____ 学号_____ 成绩_____
班级_____ 姓名_____

单元3　静电场中的导体

一、填空题

1. 两电容器的电容之比 $C_1:C_2=1:2$，(1)如果把它们串联后接到电源上充电，平衡之后，它们的电势能之比是_____；(2)如果是并联充电，平衡之后，电势能之比是_____；(3)在上述两种情形下电容器的总电势能之比又是_____。

2. 带电量为 Q、半径为 R_1 的导体球外，同心地放置一个内半径为 R_2、外半径为 R_3 本不带电的导体球壳，两者之间有一个电量为 q、与球心相距 $r(R_2>r>R_1)$ 的固定点电荷。静电平衡后，导体球电势 $U=$_____。

3. A、B 两块面积均为 S 的很大的导体平板，它们平行放置，如图2.15所示。A 板带电 Q_A，B 板带电 Q_B，如果使 B 板接地，则 A、B 两板间的电场强度的大小为_____。

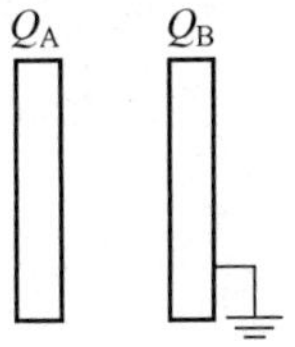

4. 两半径相同的实心和空心金属球，设各自孤立时的电容值分别为 $C_{实}$ 和 $C_{空}$，则 $C_{实}$_____$C_{空}$。（填">""<"或"="）

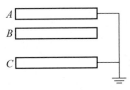

图　2.15

二、计算题

1. 如图2.16所示，三块金属板 A、B、C 彼此平行放置，AB 之间的距离是 BC 之间距离的一半。用导线将外侧的两板 A、C 相连并接地，中间 B 板带电 3×10^{-6} C，问三导体板的六个表面上的电荷各为多少？

图　2.16

2. 半径分别为 r_1 和 $r_2(r_1 < r_2)$ 的两个互相绝缘的同心导体球壳,开始时内球壳带电量为 Q,外球壳不带电。然后将外球壳接地,静电平衡后拆去接地导线,将内球壳接地,求静电平衡后内球壳的电量 Q'(忽略球壳的厚度)。

3. 面积为 S 的接地金属板,距板距离为 d(d 很小)处有一点电荷 $q(q>0)$,则板上离点电荷最近处的感应电荷面密度 σ 为多少?

4. 如图 2.17 所示,不带电导体球,半径为 R,距球心 r 处放一点电荷 $+q$。求:(1)金属球上感应电荷在球心处产生的电场强度及此时导体球的电势;(2)若将金属球接地,球上的净电荷是多少?

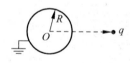

图　2.17

三、思考题

1. 无限大带电平面两侧的电场强度为 $\sigma_e/2\varepsilon_0$,问对于靠近有限大小带电面的地方场强应该等于多少,是 $\sigma_e/2\varepsilon_0$ 还是 σ_e/ε_0?

2. 万有引力和静电力都符合平方反比率,都存在高斯定理。有人想:类似静电屏蔽,是否可以把引力场也屏蔽起来呢?这能否做到?引力场和静电场有什么重要差别?

3. 在带电量 $Q(Q>0)$ 的物体 A 附近放置一个不带电的导体 B,试判断 φ_A、φ_B 与 φ_∞ 的大小关系。

专业_____ 学号_____ 成绩_____
班级_____ 姓名_____

单元4 静电场中的电介质

一、填空题

1. 如图2.18所示，一平行板电容器左半边是空气，右半边充满 $\varepsilon_r=3.0$ 的均匀电介质。两板间距为 10 mm，两板电势差为 100 V。略去边缘效应，则两极板间空气内的电位移矢量大小 $D_1=$ _____；介质内的电位移矢量大小 $D_2=$ _____。

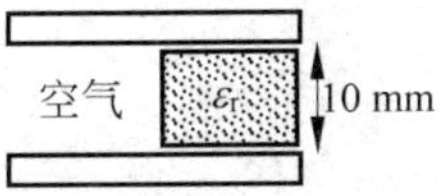

图 2.18

2. 两个电容器 1 和 2，串联以后接上电动势恒定的电源充电。在电源保持联接的情况下，若把电介质充入电容器 2 中，则电容器 1 上的电势差_____，电容器 1 极板上的电量_____（填"增大""减小"或"不变"）。

3. 电容为 C 的电容器浸没在相对介电常数为 ε_r 的油中，在两极板间加上电压 U，则它充有电量_____，若电压增至 5U，这时充满油电容器的电容为_____。

4. 一平行板电容器静电储能为 W，现分别在恒压与恒电量模式下将平行板之间的电介质取出（其相对介电常数为 ε_r），问电容器的静电储能分别变为_____。

5. 在各向同性的电介质中，当外电场不是很强时，电极化强度 $\boldsymbol{P}=\varepsilon_0\chi_e\boldsymbol{E}$，式中的 $\boldsymbol{E}$ 应是_____电荷和_____电荷共同产生的。

二、计算题

1. 如图2.19所示，一平行板电容器，极板面积为 S，间距为 d，中间有两层厚度各为 d_1、d_2，介电常数各为 ε_1、ε_2 的电介质层。求：

(1) 电容 C；

(2) 当极板上带自由电荷面密度 $\pm\sigma_0$ 时，两层介质分界面上的极化电荷面密度；

(3) 极板间电位差 U。

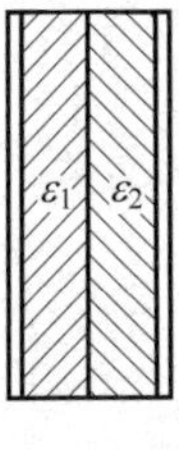

图 2.19

2. 如图 2.20 所示，板间距为 $2d$ 的大平行板电容器水平放置，电容器的右半部分充满相对介电常数为 ε_r 的固态电介质，左半部分空间的正中位置有一带电小球 P，电容器充电后 P 恰好处于平衡状态。拆去充电电源，随后将固态电介质快速抽出，略去静电平衡经历的时间，不计带电小球 P 的电场，则 P 将经过多长时间 t 与电容器的一个极板相碰？

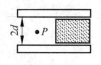

图 2.20

3. 如图 2.21，一半径为 a 的带电金属球，其电荷面密度为 σ。球外同心地套一内半径为 b、外半径为 c 的各向同性均匀的电介质球壳，其相对介电常数为 ε_r。试求：

(1) 介质球壳内距离球心为 r 处的 P 点的电场强度；

(2) 金属球的电势（设无限远处的电势为零）。

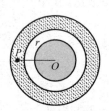

图 2.21

4. 如图 2.22 所示，一球形电容器，内极板半径为 r，外极板半径为 $2r$，其中充以空气介质，接上电动势为 U 的电源。问：

(1) 电容器所储存的电场能量为多少？

(2) 将电容器的一半充以 $\varepsilon_r = 2$ 的液体介质，电场能量为多少？

(3) 先拆去电源，再充一半 $\varepsilon_r = 2$ 的液体介质，电场能量为多少？

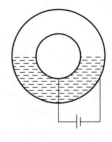

图 2.22

5. 半径分别为 R_1 与 R_2 的二同心均匀带电半球面相对放置，如图 2.23 所示，二半球面上的电荷密度 σ_1 与 σ_2 满足关系 $\sigma_1 R_1 = -\sigma_2 R_2$。

(1) 证明：小球面所对的圆截面 S 为一等势面；

(2) 以无穷远处为电势零点，求等势面 S 上的电势值。

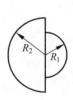

图 2.23

6. 如图 2.24 所示，电容器起初是不带电的，开关 S 打开。$V_{ab} = 210$ V。求：

(1) V_{cd}；

(2) 如果 S 闭合，每个电容器上的电势差是多少？

(3) 当 S 闭合时有多少电量会流过开关？

（提示：根据电容的串并联关系，计算电容器各极板所带电量的变化。）

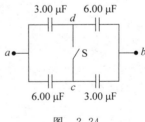

图 2.24

三、思考题

1. 有一平行板电容器，其间充有两层均匀介质，厚度分别为 l_1 和 l_2。设介质是漏电的，电阻率分别为 ρ_1 和 ρ_2，介质的介电常数分别为 ε_1 和 ε_2，如图 2.25 所示。今在电容器两极板间接上电池，设电流达到稳定时极板间电势差为 U，则两种介质分界面上所带的自由电荷面密度 σ_0 和束缚电荷密度 σ' 分别是多少？（提示：两层介质中的电流密度相等 $j_1 = j_2$。）

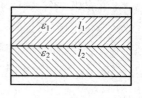

图 2.25

2. 设有一均匀带电球体，半径为 R，电荷体密度为 $+\rho$，今沿直径挖一贯穿球体的细轴型洞（设其极细以致挖洞前后电场分布不变）。在洞口处由静止释放一点电荷 $-q$，质量为 m（忽略重力），求此点电荷的运动规律。若为简谐振动，求其周期。

3. 如图 2.26 所示，一空气平行板电容器，两极板面积均为 S，板间距离为 d（d 远小于极板线度），在两极板间平行地插入一面积也是 S、厚度为 $t(<d)$ 的金属板，试求：

(1) 电容 C 等于多少？
(2) 金属板放在两极板间的位置对电容值有无影响？
(3) 若是电介质，情况又将如何？

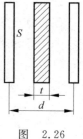

图 2.26

专业＿＿＿＿＿＿　学号＿＿＿＿＿＿　成绩＿＿＿＿＿＿

班级＿＿＿＿＿＿　姓名＿＿＿＿＿＿

单元5 恒定电流

一、填空题

1. 两长度相同,截面不同($S_A > S_B$)的铜杆 A 和 B,并联接在一直流电源上,则两铜杆中电流密度之比 $\frac{j_A}{j_B} =$ ＿＿＿＿＿＿,两铜杆中电子定向漂移速率之比 $\frac{v_A}{v_B} =$ ＿＿＿＿＿＿。

2. A、B、C 为三根共面的长直导线,如图 2.27 所示,各通有同方向电流 1 A,导线间距为 1 cm,那么每根导线每厘米所受力的大小分别为:

$\frac{dF_A}{dl} =$ ＿＿＿＿＿＿; $\frac{dF_B}{dl} =$ ＿＿＿＿＿＿;

$\frac{dF_C}{dl} =$ ＿＿＿＿＿＿。($\mu_0 = 4\pi \times 10^{-7}$ N/A^2)

3. 某导线由两种导电介质连接而成,导线截面积为 S,通有电流 I。两种介质的电导率分别为 σ_1 和 σ_2,介电常数分别为 ε_1 和 ε_2,则两种导电介质中的场强 $E_1 =$ ＿＿＿＿＿＿,$E_2 =$ ＿＿＿＿＿＿;两种导电介质交界面上的自由电荷面密度 $\sigma_e =$ ＿＿＿＿＿＿。

4. 图 2.28 中,$U_a - U_b$ 为＿＿＿＿＿＿。

5. 在如图 2.29 所示的电路中,两电源的电动势分别为 ε_1、ε_2,内阻分别为 r_1、r_2。三个负载电阻阻值分别为 R_1、R_2、R,电流分别为 I_1、I_2、I_3,方向如图 2.29,则由 $A \sim B$ 的电势增量 $U_B - U_A$ 为＿＿＿＿＿＿。

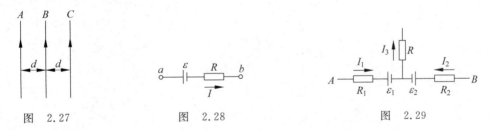

图 2.27　　　　图 2.28　　　　图 2.29

二、计算题

1. 在图 2.30 所示电路中,已知 $\varepsilon_1 = 1.0$ V,$\varepsilon_2 = 2.0$ V,$\varepsilon_3 = 3.0$ V,$r_1 = r_2 = r_3 = 1.0$ Ω,$R_1 = 1.0$ Ω,$R_2 = 3.0$ Ω,求通过电源 ε_3 的电流和 R_2 消耗的功率。

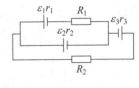

图 2.30

2. 把大地看作电阻率为 ρ 的均匀电介质,如图 2.31 所示,用一半径为 a 的球形电极与大地表面相接,半个球体埋在地面下,电极本身的电阻可以忽略,求此电极的接地电阻。

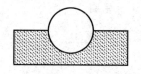

图 2.31

3. 球形电容器的内外导体球壳的半径分别为 r_1 和 r_2,中间充满电阻率为 ρ 的电介质,求证它的漏电电阻为 $R=\dfrac{\rho}{4\pi}\left(\dfrac{1}{r_1}-\dfrac{1}{r_2}\right)$。

三、思考题

1. 恒定电场与静电场的联系与区别是什么?

2. 请从微观上解释半导体中电阻随温度升高而减小,而金属中电阻随温度升高而升高的现象。

专业_____ 学号_____ 成绩_____
班级_____ 姓名_____

单元6 磁场的源

一、填空题

1. 如图 2.32 所示,一平面内有两条垂直交叉但相互绝缘的导线,流经两条导线的电流大小相等,则_____象限可能存在磁感应强度为零的点。

2. 如图 2.33 所示,一无限长载流圆柱面附近有一正方形闭合曲面 S,当 S 向圆柱面靠近时,穿过 S 的磁通量 Φ_m 将_____;S 上各点的磁感应强度的大小 B 将_____。(填"增大""减小"或"不变")

3. 在匀磁强场 B 中,取一半径为 R 的圆,圆的法线 n 与 B 成 $60°$,如图 2.34 所示,则通过以该圆周为边线的如图中所示的任意曲面 S 的磁通量:$\Phi_m = \iint_S \boldsymbol{B} \cdot d\boldsymbol{S} = $_____。

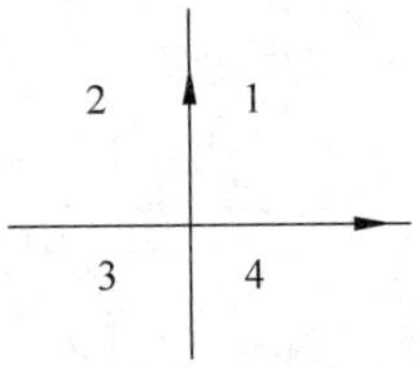

图 2.32

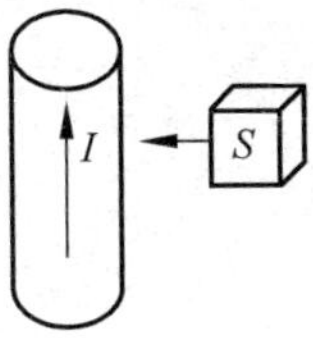

图 2.33

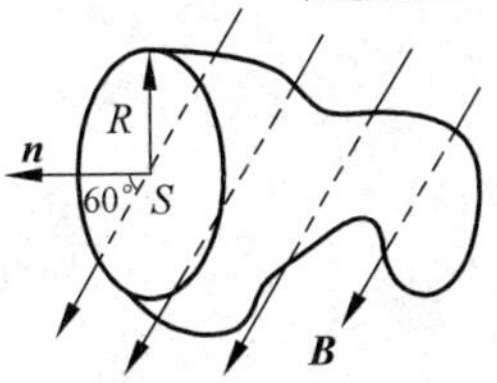

图 2.34

4. 一质点带有电荷 $q = 8.0 \times 10^{-10}$ C,以速度 $v = 3.0 \times 10^5$ m/s 在半径为 $R = 6.00 \times 10^{-3}$ m 的圆周上,作匀速圆周运动。该带电质点在轨道中心所产生的磁感强度 $B = $_____,该带电质点轨道运动的磁矩 $p_m = $_____ ($\mu_0 = 4\pi \times 10^{-7}$ H/m)。

5. 一圆形载流导线圆心处的磁感应强度为 B_1,若保持导线中的电流强度不变,而将导线变成正方形,此时回路中心处的磁感应强度为 B_2,则 $B_2/B_1 = $_____。

6. 将半径为 R 的无限长导体薄壁管(厚度忽略)沿轴向割去一宽度为 $h(h \ll R)$ 的无限长狭缝后,再沿轴向流有在管壁上均匀分布的电流,其面电流密度(垂直于电流的单位长度截线上的电流)为 i(见图 2.35),则管轴线磁感强度的大小是_____。

7. 如图 2.36 所示,A、B、C 为三根共面的长直导线,各通有 10 A 的同方向电流,导线间距 $d = 10$ cm,其中,$\mu_0 = 4\pi \times 10^{-7}$ N/A²,那么每根导线每厘米所受力的大小分别为

$\dfrac{dF_A}{dl} = $_____,

$\dfrac{dF_B}{dl} = $_____,

$\dfrac{dF_C}{dl} = $_____。

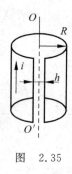

图 2.35

图 2.36

二、计算题

1. 在一根通有电流 I 的长直导线旁,与之共面地放着一个长、宽各为 a 和 b 的矩形线框,线框的长边与载流长直导线平行,且二者相距为 b,如图 2.37 所示。试求在此情况下,通过矩形线框面积的磁通量。

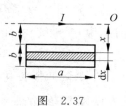

图 2.37

2. 如图 2.38 所示,电流均匀地流过无限大平面导体薄板,线电流密度为 j。设板的厚度可以忽略不计,试用毕奥-萨伐尔定律求板外的任意一点的磁感应强度,然后再用安培环路定理求解。

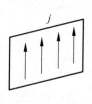

图 2.38

3. 如图 2.39 所示，有两根平行放置的长直载流导线，它们的直径为 a，反向流过相同大小的电流 I，电流在导线内均匀分布。试在图示的坐标系中求出 x 轴上两导线之间 $\left[\dfrac{1}{2}a, \dfrac{5}{2}a\right]$ 区域内磁感强度的分布。

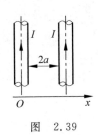

图 2.39

4. 如图 2.40 所示，载有电流 I_1 和 I_2 的长直导线 ab 和 cd 相互平行，相距为 $3r$。载有电流 I_3 的导线 $MN=r$，水平放置，且其两端 MN 分别与 I_1、I_2 的距离都是 r。ab、cd 和 MN 共面，求导线 MN 所受的磁力大小和方向。

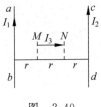

图 2.40

5. 如图 2.41 所示为一均匀通有电流 I、半径为 R 的无限长直导线，试计算通过单位长度导线内纵截面 S（图中所示的阴影部分）的磁通量。

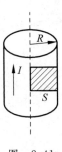

图 2.41

三、思考题

1. 如图 2.42 所示,判断下列各点磁感强度的方向和大小。

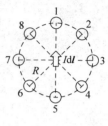

图 2.42

2. 如图 2.43 所示,在球面上铅直及水平的两个圆中,通以电流强度相等的电流,问球心处磁感应强度指向什么方向?

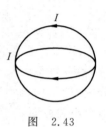

图 2.43

3. 问圆电流在其环绕的平面内,产生的磁场是否是均匀的?定性判断是中心磁场强还是边缘磁场强?

专业_____ 学号_____ 成绩_____
班级_____ 姓名_____

单元7 磁 力

一、填空题

1. 在非均匀磁场中,有一电荷为 q 的运动电荷。当电荷运动至某点时,其速率为 v,运动方向与磁场方向间的夹角为 α,此时测出它所受的磁力为 f_m。则该运动电荷所在处的磁感应强度的大小为_____,磁力 f_m 的方向一定垂直_____。

2. 电子在磁感应强度 $B=8\pi\times10^{-3}$ T 的匀强磁场中沿着圆周运动,它的回转周期 $T=$ _____(真空中磁导率 $\mu_0=4\pi\times10^{-7}$ N/A²,电子质量 $m_e=9.11\times10^{-31}$ kg,基本电荷 $e=1.60\times10^{-19}$ C)。

3. 如图 2.44 所示的空间区域内,分布着方向垂直于纸面的匀强磁场,在纸面内有一正方形边框 $abcd$(磁场以边框为界),而 a、b、c 三个角顶处开有很小的缺口,今有一束具有不同速度的电子由 a 缺口沿 ad 方向射入磁场区域,若 b、c 两缺口处分别有电子射出,自此两处电子的速率之比 $v_b/v_c=$ _____。

4. 如图 2.45 所示,在均匀磁场 **B** 的空间中,质量为 m,电量 $q>0$ 的粒子,以初速度 v 开始运动,若 v 与 **B** 的夹角为锐角 φ,则粒子运动的轨道是等距螺旋线,它的旋转半径(注意:并非螺旋线的曲率半径)$R=$ _____;螺距 $H=$ _____。

5. 如图 2.46 所示,N 匝半径均为 R 的同轴圆形线圈,通有电流 I,电流方向如图所示。将其放在磁感应强度为 B 的均匀磁场中,磁场方向与线圈平面平行且指向右端,则线圈所受磁力矩的大小为_____,磁力矩的方向为_____。

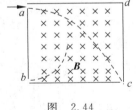
图 2.44

图 2.45

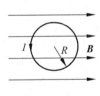
图 2.46

二、计算题

1. 有一回旋加速器,它的交变电压的频率为 12×10^6 Hz,半圆形电极的半径为 0.532 m,问加速氘核所需的磁感应强度为多大?氘核所能达到的最大动能为多大?其最大速率有多大(已知氘核的质量为 3.3×10^{-27} kg,电荷为 1.6×10^{-19} C)?

2. 如图 2.47 所示,通有电流 I 的长直导线在一平面内被弯成如图形状,放于垂直进入纸面的均匀磁场 B 中,求整个导线所受的安培力(R 为已知)。

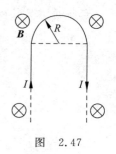

图 2.47

3. 如图 2.48 所示,一线圈由半径为 0.2 m 的 1/4 圆弧和相互垂直的两直线组成,通以电流 2 A,把它放在磁感应强度为 0.5 T 的均匀磁场中(磁感应强度 B 的方向如图所示)。求:

(1) 线圈平面与磁场垂直时,圆弧 $\overset{\frown}{AB}$ 所受的磁力;
(2) 线圈平面与磁场成 60°时,线圈所受的磁力矩。

图 2.48

4. 设在讨论的空间范围内有均匀磁场 B,在纸平面上有一长为 h 的光滑绝缘空心细管 MN,管的 M 端内有一质量为 m、带电量为 $q>0$ 的小球 P,如图 2.49 所示。开始时 P 相对管静止,而后管带着 P 朝垂直于管的长度方向始终以匀速度 u 运动,求:小球 P 从 N 端离开管后,在磁场中作圆周运动的半径 R(不考虑重力及各种阻力)是多大?

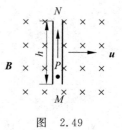

图 2.49

三、思考题

1. 问：(1) 如果一个质子在通过空间某一区域时不偏转,那么能否肯定这个区域中没有磁场?

(2) 如果它发生偏转,那么能否肯定这个区域中存在着磁场?

2. 一束电子发生了侧向偏转,造成这个偏转的原因可否是：(a)电场；(b)磁场；(c)如果可以是电场或者是磁场在起作用,那么怎样才能说出是哪一种场存在?

3. 磁感应线是点电荷的运动轨迹吗?

4. 电流源 Idl 在磁场中某处沿着直角坐标系的 x 方向放置时不受力,把这电流源转到 $+y$ 轴方向时受到的力沿着 $+z$ 轴方向,此处的磁感应强度 B 指向哪个方向?

单元8 磁场中的磁介质

一、填空题

1. 铜的相对磁导率 $\mu_r = 0.9999912$,其磁化率 $\chi_m = $ _____,它是 _____ 磁性磁介质。

2. 如图2.50所示,长直电缆由一个圆柱导体和一共轴圆筒状导体组成,两导体中有等值反向均匀电流 I 通过,其间充满磁导率为 μ 的均匀磁介质。则介质中离中心轴距离为 r 的某点处磁场强度大小 $H = $ _____,磁感应强度的大小 $B = $ _____。

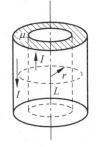

图 2.50

二、计算题

1. 螺绕环中心周长 $l = 10$ cm,环上均匀密绕线圈 $N = 200$ 匝,线圈中通有电流 $I = 0.1$ A。管内充满相对磁导率 $\mu_r = 4200$ 的磁介质,求管内磁场强度和磁感应强度的大小。

2. 如图2.51所示,横截面为矩形的环形螺线管,圆环内外半径分别为 R_1 和 R_2,芯子材料的磁导率为 μ,导线总匝数为 N,绕得很密,若线圈通电流 I,求:

(1) 芯子中的 B 值和芯子截面的磁通量;

(2) 在 $r < R_1$ 和 $r > R_2$ 处的 B 值。

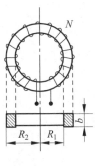

图 2.51

专业_____ 学号_____ 成绩_____
班级_____ 姓名_____

单元 9 电 磁 感 应

一、填空题

1. 一段直导线在垂直于均匀磁场的平面内运动。已知导线绕其一端以角速度 ω 转动的电动势与导线以垂直于导线方向的速度 v 作平动时的电动势相同,那么,导线的长度为_____。

2. 半径为 L 的均匀导体圆盘绕通过中心 O 的垂直轴转动,角速度为 ω,盘面与均匀磁场 B 垂直,如图 2.52 所示。

(1) 图 2.52 上 Oa 线段中动生电动势的方向为_____。

(2) 填写下列电势差的值(设 ca 段长度为 d):

$U_a - U_O$ = _____;

$U_a - U_b$ = _____;

$U_a - U_c$ = _____。

3. 如图 2.53 所示,一段长度为 l 的直导线 MN,水平放置在载电流为 I 的竖直长导线旁与竖直导线共面,并从静止由图示位置自由下落,则 t s 末导线两端的电势差 $U_M - U_N$ = _____。

4. 如图 2.54 所示为一圆柱体的横截面,圆柱体内有一均匀电场 E,其方向垂直纸面向内,E 的大小随时间 t 线性增加,P 为柱体内与轴线相距为 r 的一点,则:

(1) P 点的位移电流密度的方向为_____;

(2) P 点感生磁场的方向为_____。

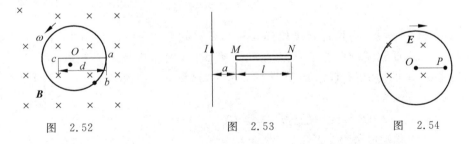

图 2.52　　　图 2.53　　　图 2.54

5. 如图 2.55 所示。电荷 Q 均匀分布在一半径为 R、长为 $L(L \gg R)$ 的绝缘长圆筒上。一静止的单匝矩形线圈的一个边与圆筒的轴线重合,若筒以角速度 $\omega = \omega_0(1-\alpha t)$ 减速旋转,则线圈中的感应电流为_____。

6. 载有恒定电流 I 的长直导线旁有一半圆环导线 cd,半圆环半径为 b,环面与直导线垂直,且半圆环两端点连线的延长线与直导线相交,如图 2.56 所示。当半圆环以速度 v 平行于直导线的方向平移时,半圆环上的感应电动势的大小是_____。

7. 用导线制成一半径为 $r = 10$ cm 的闭合圆形线圈,其电阻 $R = 10$ Ω,均匀磁场垂直于线圈平面。欲使电路中有一稳定的感应电流 $i=0.01$ A，B 的变化率应为 $\mathrm{d}B/\mathrm{d}t=$ _____。

8. 如图 2.57 所示，有一根无限长直导线绝缘地紧贴在矩形线圈的中心轴 OO' 上，则直导线与矩形线圈间的互感系数为 _____。

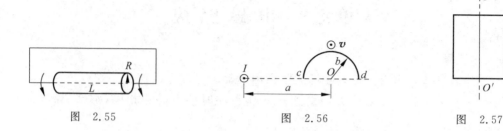

图 2.55　　　　　图 2.56　　　　　图 2.57

9. 真空中两只长直螺线管 1 和 2，长度相等，单层密绕匝数相同，直径之比 $d_1/d_2=1/4$。当它们通以相同电流时，两螺线管储存的磁能之比为 $W_1/W_2=$ _____。

二、计算题

1. 如图 2.58 所示，有一根长直导线，载有直流电流 I，近旁有一个两条对边与它平行并与它共面的矩形线圈，以匀速度 v 沿垂直于导线的方向离开导线。设 $t=0$ 时，线圈位于图示位置，求：

(1) 在任意时刻 t 通过矩形线圈的磁通量 Φ；

(2) 在图示位置时矩形线圈中的电动势 E。

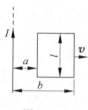

图 2.58

2. 如图 2.59 所示，一长直导线载有电流 I，在它的旁边有一段直导线 $AB(\overline{AB}=L)$，长直载流导线与直导线在同一平面内，夹角为 θ。直导线 AB 以速度 v（v 的方向垂直于载流导线）运动。已知：$I=100$ A，$v=5.0$ m/s，$a=2$ cm，$\overline{AB}=16$ cm，求：

(1) 在图示位置 AB 导线中的感应电动势；

(2) A 和 B 哪端电势高？

图 2.59

3. 一根长为 l、质量为 m、电阻为 R 的导线 ab 沿两平行的导电轨道无摩擦下滑,如图 2.60 所示。轨道平面的倾角为 θ,导线 ab 与轨道组成矩形闭合导电回路 $abcd$。整个系统处在竖直向上的均匀磁场 B 中,忽略轨道电阻,求 ab 导线下滑所达到的稳定速度。

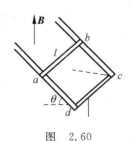

图 2.60

4. 一长圆柱状磁场,磁场方向沿轴线并垂直纸面向里,如图 2.61 所示,磁场大小既随到轴线的距离 r 成正比而变化,又随时间 t 作正弦变化,即 $B=B_0 r\sin\omega t$,B_0、ω 均为常数。若在磁场内放一半径为 a 的金属圆环,环心在圆柱状磁场的轴线上,求金属环中的感生电动势,并讨论其方向。

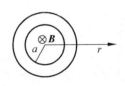

图 2.61

5. 如图 2.62 所示,水平面内有两条相距 l 的平行长直光滑裸导线 MN、$M'N'$,其两端分别与电阻 R_1、R_2 相连;匀强磁场 B 垂直于纸面向里;裸导线 ab 垂直搭在平行导线上,并在外力作用下以速率 v 平行于导线 MN 向右作匀速运动。裸导线 MN、$M'N'$ 与 ab 的电阻均不计。

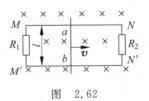

图 2.62

(1) 求电阻 R_1 与 R_2 中的电流 I_1 与 I_2,并说明其流向;

(2) 设外力提供的功率不能超过某值 P_0,求导线 ab 的最大速率。

6. 如图 2.63 所示,两个半径分别为 R 和 r 的同轴圆形线圈相距 x,且 $R \gg r, x \gg R$。若大线圈通有电流 I 而小线圈沿 x 轴方向以速率 v 运动,试求 $x = NR$ 时(N 为正数),小线圈回路中产生的感应电动势的大小。

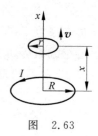

图 2.63

7. 一螺绕环单位长度上的线圈匝数为 $n = 10$ 匝/cm,环心材料的磁导率 $\mu = \mu_0$,求在电流强度 I 为多大时,线圈中磁场的能量密度 $w = 1$ J/m³($\mu_0 = 4\pi \times 10^{-7}$ T·m/A)?

三、思考题

1. 如图 2.64 所示,一矩形线圈,以匀速自无场区平移进入均匀磁场区,又平移穿出。问在图(A)、(B)、(C)、(D)各 I-t 曲线中,哪一种符合线圈中的电流随时间的变化关系(取逆时针指向为电流正方向,且不计线圈的自感)?

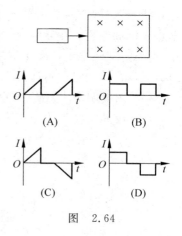

图 2.64

2. 如图 2.65 所示,直角三角形金属框架 abc 放在均匀磁场中,磁场 $\boldsymbol{B}$ 平行于 ab 边,bc 的长度为 l。当金属框架绕 ab 边以匀角速度 ω 转动时,abc 回路中的感应电动势 E_i 和 a、c 两点间的电势差 $U_a - U_c$ 是多少?

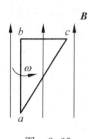

图 2.65

3. 在一通有电流 I 的无限长直导线所在平面内,有一半径为 r、电阻为 R 的导线小环,环中心距直导线为 a,如图 2.66 所示,且 $a \gg r$。当直导线的电流被切断后,沿着导线环流过的电荷约为多少?

图 2.66

4. 均匀磁场 $\boldsymbol{B}$ 被限制在半径 $R = 10$ cm 的无限长圆柱空间内,方向垂直纸面向里。取一固定的等腰梯形回路 $abcd$,梯形所在平面的法向与圆柱空间的轴平行,位置如图 2.67 所示。设磁感应强度以 $dB/dt = 1$ T/s 的匀速率增加,已知 $\theta = \dfrac{1}{3}\pi$,$\overline{Oa} = \overline{Ob} = 6$ cm,判断等腰梯形回路中感生电动势的大小和方向。

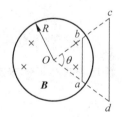

图 2.67

5. 在圆柱形空间内有一磁感应强度为 B 的均匀磁场,如图 2.68 所示, B 的大小以速率 dB/dt 变化。有一长度为 l_0 的金属棒先后放在磁场的两个不同位置 $1(ab)$ 和 $2(a'b')$,则金属棒在这两个位置时棒内的感应电动势的大小关系如何?

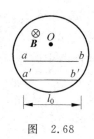

图　2.68

6. 当扳断电路时,开关的两触头之间常有火花发生。如在电路里串接一电阻小、电感大的线圈,在扳断开关时火花就发生得更厉害,为什么?

7. 在自感系数为 L、通有电流 I 的螺线管内,磁场能量为 $W=\dfrac{1}{2}LI^2$。这能量是什么能量转化来的?怎样才能使它以热的形式释放出来?

8. 真空中两根很长的、相距为 $2a$ 的平行直导线与电源组成闭合回路,如图 2.69 所示。已知导线中的电流为 I,则在两导线正中间某点 P 处的磁能密度应该是多少?

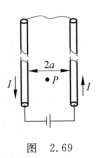

图 2.69

专业_____ 学号_____ 成绩_____
班级_____ 姓名_____

单元 10 麦克斯韦方程组

一、填空题

1. 写出麦克斯韦方程组的积分形式：
_____，_____，
_____，_____。

2. 反映电磁场基本性质和规律的积分形式的麦克斯韦方程组为

$$\oint_S \boldsymbol{D} \cdot \mathrm{d}\boldsymbol{S} = \int_V \rho \mathrm{d}V \qquad ①$$

$$\oint_L \boldsymbol{E} \cdot \mathrm{d}\boldsymbol{l} = -\int_S \frac{\partial \boldsymbol{B}}{\partial t} \cdot \mathrm{d}\boldsymbol{S} \qquad ②$$

$$\oint_S \boldsymbol{B} \cdot \mathrm{d}\boldsymbol{S} = 0 \qquad ③$$

$$\oint_L \boldsymbol{H} \cdot \mathrm{d}\boldsymbol{l} = \int_S \left(\boldsymbol{J} + \frac{\partial \boldsymbol{D}}{\partial t}\right) \cdot \mathrm{d}\boldsymbol{S} \qquad ④$$

试判断下列结论包含于或等效于哪一个麦克斯韦方程式，将你确定的方程式的代号填在相应结论后的空白处。

(1) 变化的磁场一定伴随有电场_____；

(2) 磁感线是无头无尾的_____；

(3) 电荷总伴随有电场_____。

3. 一平行板空气电容器的两极板都是半径为 R 的圆形导体片，在充电时，板间电场强度的变化率为 $\mathrm{d}E/\mathrm{d}t$。若略去边缘效应，则两板间的位移电流为_____。

4. 在没有自由电荷与传导电流的变化电磁场中，沿闭合环路 l (设环路包围的面积为 S)

$\oint_l \boldsymbol{H} \cdot \mathrm{d}\boldsymbol{l} = $_____；$\oint_l \boldsymbol{E} \cdot \mathrm{d}\boldsymbol{l} = $_____。

二、计算题

1. 给电容为 C 的平行板电容器充电，电流为 $i = 0.2\mathrm{e}^{-t}$ (SI)，$t=0$ 时电容器极板上无电荷。求：

(1) 极板间电压 U 随时间 t 而变化的关系；

(2) t 时刻极板间总的位移电流 I_d (忽略边缘效应)。

2. 一电荷为 q 的点电荷，以匀角速度 ω 作圆周运动，圆周的半径为 R。设 $t=0$ 时 q 所在点的坐标为 $x_0=R, y_0=0$，以 $\boldsymbol{i}$、$\boldsymbol{j}$ 分别表示 x 轴和 y 轴上的单位矢量，求圆心处的位移电流密度 $\boldsymbol{J}$。

三、思考题

1. 简述方程 $\oint_L \boldsymbol{H} \cdot \mathrm{d}\boldsymbol{l} = \sum I + \iint_S \dfrac{\partial \boldsymbol{D}}{\partial t} \cdot \mathrm{d}\boldsymbol{S}$ 中各项的意义，并简述这个方程揭示了什么规律。

2. 一长直螺线管，横截面如图 2.70 所示，管半径为 R，通以电流 I。管外有一静止电子 e，当通过螺线管的电流 I 减小时，电子 e 是否运动？如果你认为电子会运动，请在图中画出它开始运动的方向，并作简要说明。

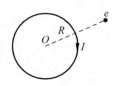

图 2.70

3. 如图 2.71(a)所示是充电后切断电源的平行板电容器；如图 2.71(b)是一与电源相接的电容器。当两极板间距离相互靠近或分离时，试判断两种情况的极板间有无位移电流，并说明原因。

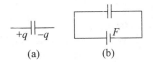

图　2.71

第三部分

热　学

专业_____ 学号_____ 成绩_____

班级_____ 姓名_____

单元1 分子运动论

一、填空题

1. 质量为 0.056 kg 的氮气（可看作理想气体）经等压加热，使其温度由 7℃ 升高到 27℃，它的内能增加了_____，对外做功_____，氮气吸热为_____。

2. 两容器中装有不同种类的气体，其分子的平均平动动能相等，密度不同，则它们的温度_____，压强_____（填"不相同""不一定相同"或"相同"）。

3. 某种理想气体分子的平动自由度 $t=3$，转动自由度 $r=2$，振动自由度 $s=1$。当气体的温度为 T 时，一个分子的平均总能量等于_____，1 mol 该种气体的内能等于_____。

4. 刚性双原子分子的自由度 $i=$_____，由该分子构成的理想气体的比定容热容 $c_V=$_____，比定压热容为 $c_p=$_____。

5. 麦克斯韦速率分布曲线如图 3.1 所示，图中 A、B 两部分面积相等，则该图表示 A、B 两部分的分子数_____（填"$A>B$""$A=B$"或"$A<B$"）。

6. 图 3.2(a) 是氢和氧在同一温度下的两条麦克斯韦速率分布曲线，则曲线 (1) 代表_____，曲线 (2) 代表_____（填"氢"或"氧"）；图 3.2(b) 是 1 mol 某种气体在不同温度下的两条麦克斯韦速率分布曲线，设曲线 (1) 的温度为 T_1、曲线 (2) 的温度为 T_2，则曲线 (1) 较曲线 (2) 的温度_____（填"高""低"或"相同"）。

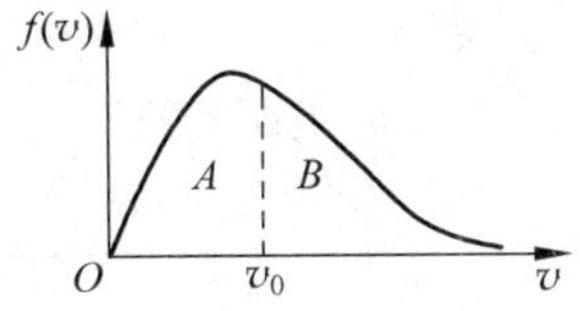

图 3.1

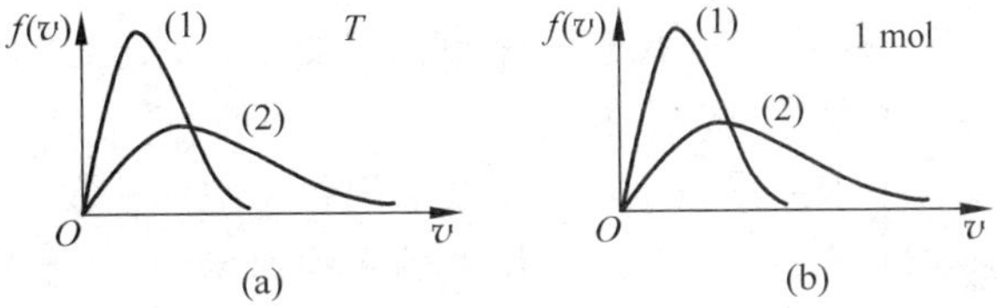

图 3.2

7. 绝热材料包裹的容器分为 A、B 两室。A 室内充以真实气体，B 室为真空。现把阀门 C 打开，A 室气体充满整个容器，在此过程中，内能应_____（填"增大""减小"或"不变"）。

8. 如果理想气体的温度保持不变，当压强降为原来的一半时，分子的数密度将变为原来值的_____倍，分子的平均自由程为原来值的_____倍。

9. 已知 $f(v)$ 为麦克斯韦速率分布函数，N 为分子总数，m 为分子质量，v_p 为分子的最可几速率。则 $\int_0^{v_p} \frac{1}{2} mv^2 Nf(v)\mathrm{d}v$ 表示_____，速率 $v<v_p$ 分子的平均平动动能表达式为_____。

10. 一正方体容器，内有质量为 m 的理想气体分子，分子数密度为 n。可以设想，容器

的每壁都有 1/6 的分子数以速率 v(平均值)垂直地向自己运动,气体分子和容器壁的碰撞为完全弹性碰撞,则

(1) 每个分子作用于器壁的冲量 $I=$ ＿＿＿＿＿＿＿＿；

(2) 每秒碰在一器壁单位面积上的分子数 $n_0=$ ＿＿＿＿＿＿＿＿；

(3) 作用于器壁上的压强 $p=$ ＿＿＿＿＿＿＿＿。

二、计算题

1. 一容器内装有 $p=1$ atm, $t=27℃$ 的空气,且空气的平均摩尔质量为 29 g/mol,求空气:

(1) 单位体积内的分子数;

(2) 一个分子的质量;

(3) 密度;

(4) 分子的方均根速率;

(5) 分子的平均平动动能。

2. 假定 N 个粒子的速率分布曲线,如图 3.3 所示。

(1) 由 N 和 v_0 求 a;

(2) 求速率在 $v_0 \sim 2v_0$ 之间的粒子数;

(3) 求 $v_0 \sim 2v_0$ 之间粒子的平均速率。

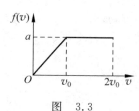

图 3.3

3. 真空管的线度为 10^{-2} m，其中真空度为 1.33×10^{-3} Pa，设空气分子的有效直径为 3.0×10^{-10} m，求 27℃时单位体积内的空气分子数、平均自由程和平均碰撞频率。

4. 容器中有质量一定的气体，问分子平均自由程 $\bar{\lambda}$ 和平均碰撞频率 $\bar{Z}$ 在(1)等温过程中如何随 p 变？(2)等压过程中如何随 T 变？(3)等容过程中如何随 T 变？

5. (选做)一长为 L、半径 R 的圆柱体，其内有 N 个分子，并以角速度 ω 绕 AB 轴转动(见图 3.4)，求柱体内气体分子的分布规律。

图 3.4

三、思考题

1. 物体为什么能被压缩，但又不能无限压缩？

2. 布朗运动是不是分子的运动？为什么说布朗运动是分子热运动的反映？

3. 气体分子热运动的速率通常是很大的，但气体从一个地方扩散到另一个地方是很快还是很慢呢？为什么？

4. 气体理论中的平均速率与力学中的平均速率有何不同？

专业_____ 学号_____ 成绩_____

班级_____ 姓名_____

单元 2 热力学第一定律

一、填空题

1. 一定量的理想气体从同一初态出发,分别经过 AB、AC、AD 过程到达具有相同温度的终态。其中 AC 是绝热过程,如图 3.5 所示,则 AB 是_____过程;AD 是_____过程(填"吸热"或"放热")。

2. 如果卡诺热机的循环曲线所包围的面积从图 3.6 中的 $abcda$ 增大为 $ab'c'da$,那么循环 $abcda$ 与 $ab'c'da$ 所做的净功_____;热机效率的变化_____(填"增大""减小"或"不变")。

3. 理想气体作卡诺循环,在热源温度为 100℃,冷却温度为 0℃ 时,每一循环做净功 8 kJ。今维持冷凝器温度不变,提高热源温度,使净功增加为 10 kJ。若此两个循环都工作于相同的两条绝热线之间,此时热源的温度为_____℃;效率为_____。

4. 在常温下,氧气经过处理可看作理想气体。32 g 的氧气在 T_0 温度下体积为 V_0。
(1) 若等温膨胀到 $2V_0$,则气体吸收的热量为_____;
(2) 若先绝热降温,再经等压膨胀到(1)中所达到的终态,则气体吸收的热量为_____。

5. 将 300 K 和 1 atm 的氢气(假设是理想气体)经过一个准静态的绝热压缩,当压强增加到 5 atm 时,此时氢气的温度为_____。

6. 1 mol 的单原子理想气体,从状态 I (p_1, V_1, T_1) 变化至状态 II (p_2, V_2, T_2),如图 3.7 所示,吸收热量为_____。

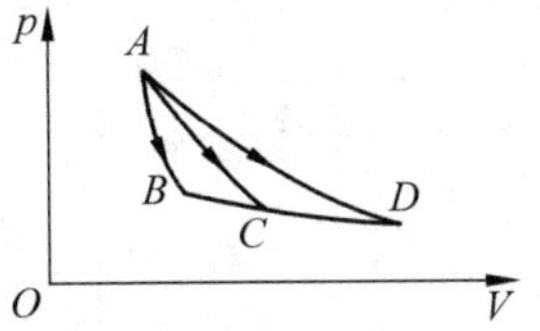

图 3.5

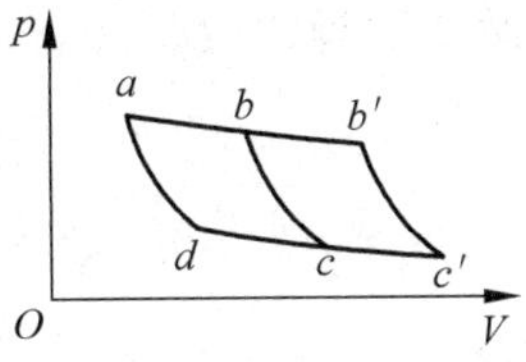

图 3.6

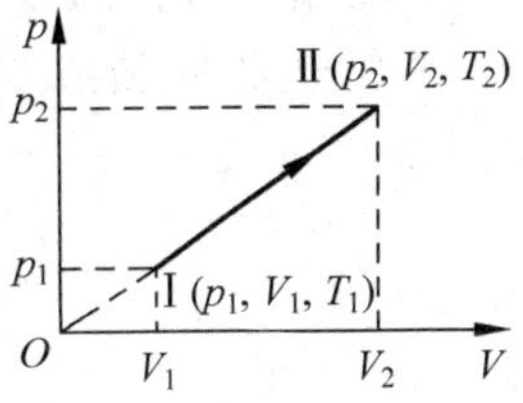

图 3.7

二、计算题

1. 已知一定质量的理想气体在 p-V 图中的等温线与绝热线交点处两线的斜率之比为 0.714,
(1) 求其比定容热容;
(2) 设 1 mol 的该理想气体在初状态的温度为 300 K,经过等压膨胀后,体积变为原来的 2 倍,求在此过程中理想气体内能的增量及理想气体对外界所做的功。

2. 如图 3.8 所示的闭合循环过程中,各部分的过程图线如图所示,试填表说明各分过程中,其 ΔV、Δp、ΔT、A、Q、ΔU 各量的正负号。

路径	ΔV	Δp	ΔT	A	Q	ΔU
AB						
BC						
CD						
DA						

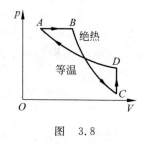

图 3.8

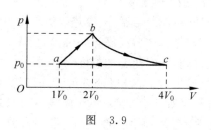

图 3.9

3. 1 mol 刚性双原子分子理想气体经循环过程 abca 和相关状态量如图 3.9 所示,其中 ab 是斜直线,bc 是绝热线,ca 是等压线。求:
(1) 每段过程对外所做的功;
(2) 每段过程中,系统吸收的热量;
(3) 此循环过程的效率。
(4) 如果将 bc 换成等温线,其循环过程的效率又是多少?

4. 一个水平放置的绝热圆筒内有一个无摩擦的不导热的活塞。在活塞的每一侧均有 54 L 的单原子理想气体,其压强为 1 atm,温度为 273 K。缓慢地给左边的气体加热直到活塞压缩右侧气体达 7.59 atm,求:
(1) 需要对右边的气体做多少功?

(2) 右边气体的最后温度为多少?
(3) 左边气体的最后温度为多少?
(4) 需要有多少热量传给左边的气体?

5. 如图 3.10 所示,绝热汽缸内有一不导热的隔板,把汽缸分成 A、B 两室,每室中有质量相同的同种单原子分子理想气体,它们的压强都是 p_0,体积都是 V_0,温度都是 T_0。今通过 A 室中的电热丝 L 对气体加热,传给气体的热量为 Q,达到平衡时,A 室的体积是 B 室的 2 倍,试求两室中气体的温度。

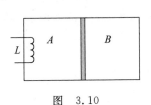

图 3.10

6. 一台冰箱工作时,其冷冻室中的温度为 $-10℃$,室温为 $15℃$。若按理想卡诺致冷循环计算,则此致冷机每消耗 10^3 J 的功,可以从冷冻室中吸收出多少热量?

三、思考题

1. 内能、热量和热能有何不同？下面两种说法是否正确？(1)物体的温度越高,则热量越多；(2)物体的温度越高,则内能越大。

2. 在 p-V 图上用一条曲线表示的过程是否一定是准静态过程？理想气体经过自由膨胀由状态(p_1,V_1)改变到状态(p_2,V_2),这一过程能否用一条等温线表示？

3. 有可能对物体加热而不会导致物体的温度升高吗？有可能不作任何热交换,而使系统的温度发生变化吗？

4. 在一个房间里,有一台电冰箱正工作着。如果打开冰箱的门,会不会使房间降温？会使房间升温吗？用一台热泵为什么能使房间降温？

专业_____ 学号_____ 成绩_____

班级_____ 姓名_____

单元3　热力学第二定律

一、填空题

1. 从统计的意义来解释：不可逆过程实际上是一个_____的转变过程。一切实际过程都向着_____的方向进行。

2. 熵是_____的定量量度。若一定量的理想气体经历一个等温膨胀过程，它的熵将_____（填"增加""减少"或"不变"）。

3. 如图3.11所示，单原子理想气体在 $a \to b$ 过程中，状态系统熵最大的是_____态；$b \to c$ 过程中，状态系统熵最大的是_____态；$c \to a$ 过程中，状态系统熵最大的是_____态。

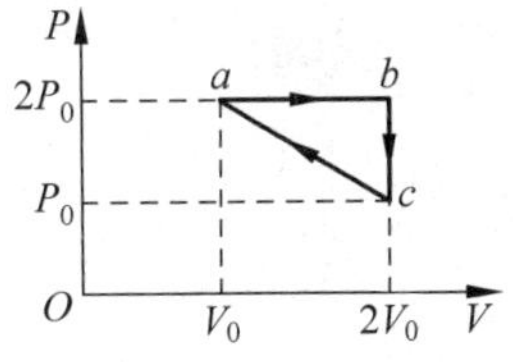

图　3.11

4. 有质量同为 m 的5个小球，比热常数均为 C_M，其中 A 球的温度为 T_0，其余4个球的温度为 $2T_0$。通过球与球之间的相互热接触，可使 A 球的温度升高。假设接触过程与外界绝热，则 A 球能达到的最高温度为_____，对应的 A 球的熵增量为_____。

二、计算题

1. 一固态物质，质量为 m，熔点为 T_m，熔解热为 L，比热容（单位质量物质的热容）为 c。如对它缓慢加热，使其温度从 T_0 上升为 T_m，试求熵的变化。假设供给物质的热量恰好使它全部溶化。

2. 一个人的体温 36℃，环境温度为 0℃ 时大约一天向周围散发 8×10^6 J 热量。如果忽略进食带进体内的熵，试估算一天之内的熵产生。

三、思考题

1. 在 p-V 图上,一条等温线与一条绝热线是否能有两个交点?为什么?

2. 瓶子里装一些水,然后密闭起来。表面的一些水忽然温度升高而蒸发成汽,余下的水温变低,这件事可能吗?它违反热力学第一定律吗?它违反热力学第二定律吗?

3. 两条绝热线和一条等温线是否可以构成一个循环?为什么?

4. 可逆过程是否一定是准静态过程?准静态过程是否一定是可逆过程?有人说"凡是有热接触的物体,它们之间进行热交换的过程都是不可逆过程"。这种说法对吗?

5. 有一个可逆的卡诺机,以它作热机使用时,如果工作的两热库温差越大,则对于做功就越有利。当作制冷机时,如果两热库的温差越大,对于制冷机是否越有利?为什么?

6. 一杯热水置于空气中,它总是要冷却到周围环境相同的温度。在这一自然过程中,水的熵减少了,这与熵增加矛盾吗?

7. 一定量的气体经历绝热自由膨胀后,其 $dQ=0$,那么熵也应该为零。对吗?为什么?

第四部分

光　学

专业_____ 学号_____ 成绩_____

班级_____ 姓名_____

单元1 振 动

一、填空题

1. 一简谐振动的表达式为 $x = 0.03\cos\left(2\pi t + \dfrac{\pi}{4}\right)$,则振动的振幅为_____,角频率为_____,周期为_____,初相位为_____,最大速度为_____,最大加速度为_____。

2. 一质点作余弦函数描述的简谐振动,其运动速度与时间的关系曲线如图 4.1 所示,则振动的初相应为_____。

3. 两个简谐振动的振动曲线如图 4.2 所示。若这两个简谐振动叠加,则合成的余弦振动的初相为_____。

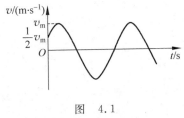

图 4.1

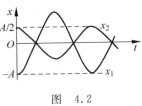

图 4.2

4. 一弹簧振子作简谐振动,当其动能为振动总能量的一半时,其偏离平衡位置的位移的大小与振幅的比值为_____。

5. 如图 4.3 所示,一质量为 m 的滑块,两边分别与弹性系数为 k_1 和 k_2 的轻弹簧连接,两弹簧的另外两端分别固定在墙上。滑块 m 可在光滑的水平面上滑动,O 点为系统平衡位置。现将滑块 m 向左移动 x_0,自静止释放,并从释放时开始计时。取坐标如图所示,则其振动方程为_____。

6. 一弹性系数为 k 的轻弹簧,下端挂一质量为 m 的物体,系统的振动周期为 T。若将此弹簧截去一半的长度,下端挂一质量为 $4m$ 的物体,则此系统的振动周期等于_____。

7. 一弹簧振子作简谐运动,其振动曲线如图 4.4 所示,则其振动周期为_____。

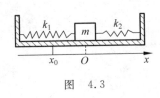

图 4.3

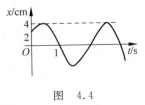

图 4.4

8. 一物体作简谐振动,其振动频率为 ν,则其势能的变化频率为_____。

9. 一作简谐振动的弹簧振子,当其位移为振幅的一半时,其动能为总能量的_____。

二、计算题

1. 一轻弹簧上端挂在天花板上,下端受到 20 N 的拉力时弹簧伸长 20 cm。现把质量为 1 kg 的物体悬挂在该弹簧的下端并使之静止,再把物体向下拉 10 cm,然后由静止释放并开始计时。求:

(1) 物体的振动方程;

(2) 物体从第一次越过平衡位置时刻起,到它运动到上方 5 cm 处所需要的最短时间。

2. 一弹簧振子作简谐振动的振动曲线如图 4.5 所示,求振动方程。

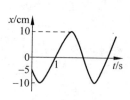

图 4.5

3. 一质点同时参与两个同方向同频率的简谐振动,其振动表达式分别为:

$$x_1 = 0.06\cos\left(3t + \frac{1}{2}\pi\right) \quad (SI), \quad x_2 = 0.03\sin(\pi - 3t) \quad (SI)$$

求合振动的方程。

三、思考题

1. 什么是简谐运动？从运动学和动力学角度如何理解简谐运动？如果说一个物体作简谐运动，是否只要受到一个使它返回平衡位置的力就可以了？

2. 放在地球上、月球上的弹簧振子与单摆的振动周期是否改变？水平放置与竖直放置对弹簧振子的振动周期是否有影响？

3. 考虑弹簧振子振动时，不计弹簧的质量。如果弹簧质量不能忽略，其振动周期如何改变？

4. 稳态受迫振动的频率由什么决定？这个振动频率与振动系统本身的性质有何关系？

专业_____ 学号_____ 成绩_____
班级_____ 姓名_____

单元2 波 动

一、填空题

1. 已知平面简谐波的表达式为 $y=A\cos(Bt-Cx)$,式中 A,B,C 为正值常量,此波的波长是_____,波速是_____。在波传播方向上相距为 L 的两点的振动相位差是_____。

2. 一平面简谐波在介质中以波速 $u=5$ m/s 自左向右传播,$t=3$ s 时波形曲线如图 4.6 所示,则该波的波动方程为_____。

3. 一简谐波沿 x 轴自右向左传播,圆频率为 ω,波速为 u。设 $t=T/4$ 时刻的波形如图 4.7 所示,则该波的表达式为_____。

4. 在驻波中,两个相邻波节间各质点的振动振幅_____,相位_____(填"相同"或"不同")。

5. 一平面简谐波在弹性媒质中传播,在某一瞬时,媒质中某质元正处于平衡位置,此时它的动能_____,势能_____(填"最大""最小"或"等于零")。

6. 一列火车以 20 m/s 的速度行驶,若机车汽笛的频率为 600 Hz,一静止观测者在机车前和机车后所听到的声音频率分别为_____和_____(设空气中声速为 340 m/s)。

7. 如图 4.8 所示,两相干波源 A 和 B 发出波长为 λ 的简谐波,并且两波源的振动方向均垂直于图面。S 点是两列波相遇区域中的一点,已知 $\overline{AS}=2\lambda$,$\overline{BS}=3\lambda$,两列波在 S 点发生相消干涉。若 A 点的振动方程为 $y_1=A\cos\left(3\pi t+\dfrac{1}{4}\pi\right)$,则 B 点的振动方程为_____。

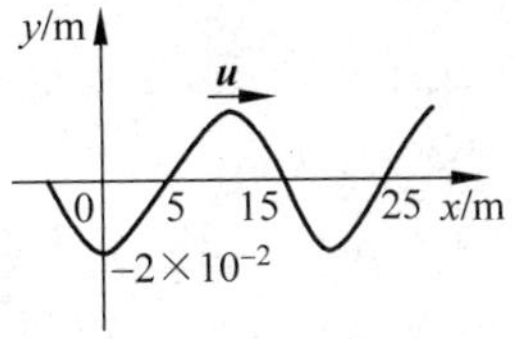

图 4.6 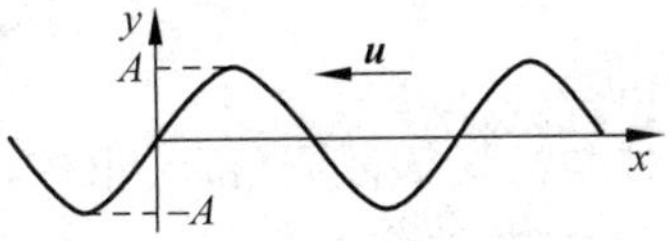　　　图 4.7 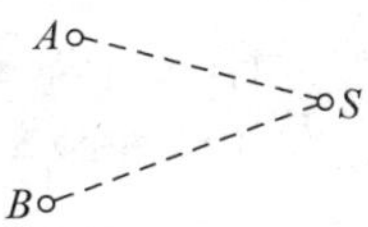　　　图 4.8

8. 有两列沿相反方向传播的相干波,其波动方程分别为 $y_1=A\cos 2\pi(vt-x/\lambda)$ 和 $y_2=A\cos 2\pi(vt+x/\lambda)$,叠加后形成驻波,其波腹位置的坐标为_____。

二、计算题

1. 图 4.9 为一平面简谐波在 $t=0$ 时刻的波形图,求:
(1) 该波的波动表达式;
(2) P 处质点的振动方程。

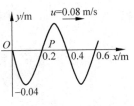

图 4.9

2. 一平面简谐波沿 x 轴正向传播,其振幅为 A,频率为 ν,波速为 u。设 $t=t'$ 时刻的波形曲线如图 4.10 所示,求原点处质点振动方程及该波的表达式。

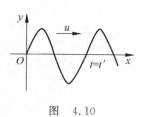

图 4.10

3. 一波速为 u 的平面波沿 x 轴正向从波疏媒质向波密媒质传播,在离原点 L 处的 P 点发生反射。若原点处的振动方程为 $y=A\cos\left(\omega t-\dfrac{\pi}{2}\right)$,求反射波方程。

4. 一列横波在绳索上传播,其表达式为 $y_1=0.05\cos\left(2\pi t-\dfrac{\pi x}{4}\right)$。另一列横波与上述已知横波在绳索上叠加形成驻波。
(1) 设这一横波在 $x=0$ 处与已知横波同位相,求该波的表达式。
(2) 求驻波表达式并写出各波节的位置。

三、思考题
1. 机械波进入不同介质时,波长、波的周期和频率、波速是否发生改变?

2. 如何理解波速和质点振动速度?

3. 什么是波的干涉现象?满足什么条件产生干涉加强或干涉减弱现象?

4. 如何理解驻波?

5. 如何理解"半波损失"?

6. 何谓多普勒效应?

专业_____ 学号_____ 成绩_____

班级_____ 姓名_____

单元 3 光 的 干 涉

一、填空题

1. 折射率为 n、厚度为 e 的透明介质薄膜的上方和下方的透明介质折射率均为 n_0,已知 $n>n_0$。若用波长为 λ 的单色平行光垂直入射到该薄膜上,则从薄膜上、下两表面反射的光束①与②的光程差是_____。

2. 杨氏双缝干涉如图 4.11 所示,S_1、S_2 是两个相干光源,它们到 P 点的距离分别为 r_1 和 r_2。路径 S_1P 垂直穿过一块厚度为 t_1、折射率为 n_1 的介质板,路径 S_2P 垂直穿过厚度为 t_2、折射率为 n_2 的另一块介质板,其余部分可看作真空,这两条路径的相位差为_____。

3. 在迈克耳孙干涉仪的可动反射镜平移一微小距离的过程中,观察到干涉条纹恰好移动 1 848 条,所用单色光的波长为 546.1 nm。由此可知反射镜平移的距离等于_____ mm(给出四位有效数字)。

4. 波长为 380 nm 的平行单色光垂直照射到劈尖薄膜上,劈尖角为 $\theta=1\times10^{-4}$,劈尖薄膜的折射率为 1.90,第 5 级明条纹与第 10 级明条纹的间距是_____ mm。

5. 平行单色光(真空波长为 λ)垂直照射到由两块玻璃板形成的薄膜上,经界面反射的两束光发生干涉,设薄膜的厚度为 e,上、下玻璃板的折射率为 n_1 和 n_2,且 $n_1>n_2$,则形成干涉的两束光线分别是由_____表面和_____表面的反射光构成,在相遇点产生的相位差为_____。

6. 用白光垂直照射在空气隙牛顿环的装置上。当平凸透镜垂直向上缓慢平移而远离平面玻璃时,可以观察到环状彩色干涉条纹_____,在同一级次上内环为_____色,外环为_____色。

7. 在迈克耳孙干涉仪的一支光路中,放入一厚度为 5 μm 的白云母薄膜后,测出两束光的光程差的改变量为 10λ,设所用光波波长 $\lambda=632.8$ nm,则白云母薄膜的折射率为_____。

8. 在杨氏双缝干涉实验中,用波长为 λ 的平行单色光入射双缝间距为 d 的双缝上,入射角为 θ。当 θ 角由 0°变化至 30°过程中(如图 4.12 所示),观察到干涉条纹的变化为_____。

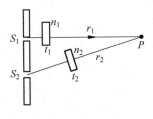

图 4.11

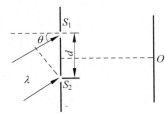

图 4.12

二、计算题

1. 用波长 $\lambda = 450$ nm 的单色光垂直照射在一空气劈尖上。已知该劈尖角 $\theta = 1.5 \times 10^{-4}$，当在该劈形膜内充满折射率为 n 的某种透明液体后，测得明条纹宽度减小一半，试求该透明液体的折射率，以及空气劈尖和液体劈尖的相邻条纹的间隔。

2. 一平凸透镜放在一相同质量的玻璃板上，现以波长 589.3 nm 的单色光垂直照射于其上，测得第 10 级反射光的暗环直径为 3.00 mm，试求平凸透镜的直径和 15 级暗环的直径。

3. 有一厚度为 5 μm 薄云母片盖住杨氏双缝干涉装置的一条缝上，这时屏上原来的零级明条纹移到了原来第 7 级明纹的位置上。已知入射光波长为 $\lambda = 550$ nm，试求该云母片的折射率。

4. 在折射率为 1.52 的镜头表面涂有一层折射率为 1.38 的氟化镁的增透膜,试求要使波长为 500 nm 的绿光增透,氟化镁薄膜的厚度应为多少?

5. 在双缝干涉实验中,单色光源 S_0 到两缝 S_1 和 S_2 的距离分别为 l_1 和 l_2,并且 $l_1 - l_2 = 3\lambda$,λ 为入射光的波长,双缝之间的距离为 d,双缝到屏幕的距离为 D,如图 4.13 所示。求:(1)零级明条纹到屏幕中央点 O 的距离;(2)相邻明条纹间的距离;(3)若整个装置浸没于水(设水的折射率为 n)中后,前面两个问题的结果又将如何?

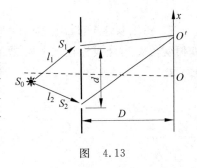

图 4.13

6. 如图 4.14 所示,两列波长为 λ 的相干波在 P 点相遇。波在 S_1 点振动的初相是 ϕ_1,S_1 到 P 点的距离是 r_1,且在其光路上放置一厚度为 d,折射率为 n 的介质;波在 S_2 点的初相是 ϕ_2,S_2 到 P 点的距离是 r_2,试讨论两列波在 P 点的干涉情况。

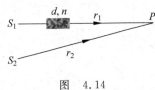

图 4.14

三、思考题

1. 一处于空气中厚度为 e，折射率为 n 的薄膜，设光斜入射的入射角为 θ，试分析当膜厚度 e 增大过程中干涉条纹如何变化？

2. 杨氏双缝干涉实验中，当入射光由正入射变为斜入射角为 $30°$ 的过程中，问干涉条纹如何变化？当光线为正入射时，如果将该实验装置整体浸没于水中，试分析浸没前后条纹如何变化？

3. 用单色光垂直照射在观察牛顿环的装置上。当平凸透镜垂直向上缓慢平移而远离平面玻璃时，可以观察到这些环状干涉条纹如何变化？

单元4 光的衍射

一、填空题

1. 如图 4.15 所示,在单缝夫琅禾费衍射中波长为 λ 的单色光垂直入射在单缝上。若对应于汇聚在 P 点的衍射光线在单缝(设缝宽为 a)处的波阵面恰好分成 5 个半波带,则光线 1 与光线 2 和光线 5 在 P 点的光程差分别为_____和_____。

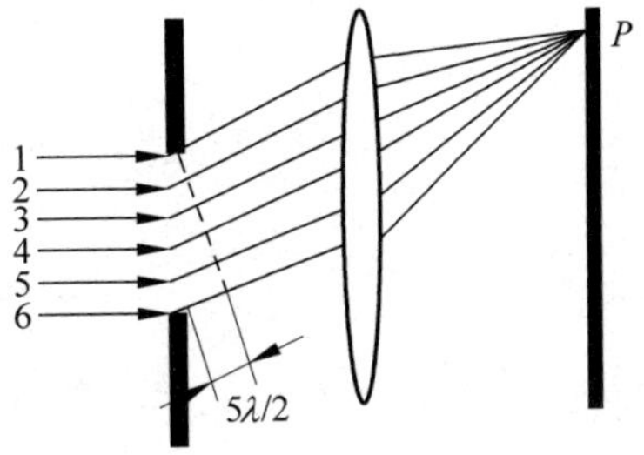

2. 用肉眼观察星体时,星光通过瞳孔的衍射在视网膜上形成一个小亮斑。设某人瞳孔直径为 6.5 mm,并以人眼敏感的黄绿光为入射光,其波长为 550 nm,则星体在该人视网膜上所形成的像的半角宽度为_____。

图 4.15

3. 一行人夜间看到一迎面驶来的汽车,已知汽车两盏前灯的距离为 120 cm,设该行人瞳孔直径为 6.5 mm,并假定汽车发出的光波波长为 550 nm。若只考虑人眼瞳孔的衍射效应,则该行人刚好能分辨汽车两盏前照灯的距离为_____。

4. 波长 $\lambda=600$ nm 的单色光以 30°斜入射到光栅常数为 3×10^{-4} cm 的平面衍射光栅上,可能观察到的光谱线的最大级次为_____。

5. 用真空波长为 λ 的平行单色光垂直入射到一块多缝光栅上,设光栅常数 $d=4$ μm,每条缝宽度 $a=1$ μm,则在单缝衍射的中央明条纹的轮廓线范围内共有光栅衍射的主极大明条纹的数目为_____。

6. 在单缝的夫琅禾费衍射实验中,屏上第 4 级暗条纹所对应的单缝处波面可划分为_____个半波带,若将缝宽缩小一半,则原来的第 4 级暗纹处将是_____条纹(要指出条纹级次和明暗)。

7. 现以平行白光垂直入射在平面透射光栅上时,已知白光中一绿光的光波波长为 460 nm,则其第 3 级光谱线将与波长为 $\lambda_2=$_____nm 的第 2 级光谱线重叠。

8. 一衍射光栅对某一定波长的垂直入射光,在屏幕上只能出现零级和一级主极大条纹,欲使屏幕上出现更高级次的主极大条纹,应该改用光栅常数_____的光栅。

9. 在双缝夫琅禾费衍射实验中,若保持双缝 S_1 和 S_2 的中心之间的距离 d 不变,而把两条缝的宽度 a 稍微加宽,则对应的单缝衍射中央明纹宽度变_____,在该中央明纹范围内,双缝的干涉条纹数目_____。

二、计算题

1. 一衍射光栅,光栅常数为 4.8×10^{-4} cm,每条透光缝的宽度为 1.6×10^{-4} cm,在光栅后放一焦距为 1 m 的凸透镜。设入射光为波长 400 nm 的单色光垂直照射光栅,求:

(1) 单缝衍射中央明条纹宽度为多少?

(2) 在中央明条纹宽内,有几个光栅衍射主极大?

(3) 屏幕上可能呈现的全部级次。

2. 一衍射光栅装置处于折射率为 n 的透明介质中,设光栅常数为 d,每条透光缝宽为 a,总缝数为 N,在光栅后放一焦距为 f 的凸透镜,观察屏位于其焦平面处。现以真空波长为 λ 的平行单色光垂直照射到光栅上(如图 4.16 所示),求:

(1) 在观察屏上产生明条纹(主极大)的衍射角的表达式;

(2) 在观察屏上产生暗条纹的衍射角的表达式;

(3) 在单缝衍射中央明条纹内,有几个光栅衍射主极大?

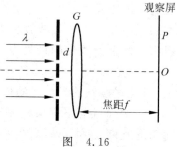

图 4.16

3. 一双缝,已知缝间距 0.2 mm,缝宽为 0.02 mm。现以波长为 500 nm 的平行单色光垂直入射到该双缝上,双缝后放一焦距为 30 cm 的凸透镜,接收屏位于凸透镜的焦平面上,试求:(1)明条纹间距;(2)单缝衍射中央明纹宽度;(3)在单缝衍射的中央明纹内出现的全部干涉条纹级次。

4. 平行单色光以 30°斜入射到每厘米有 5 000 条刻痕的光栅上,其第一条谱线出现在如图 4.17 所示的衍射角为 45°的位置,试求:(1)该单色光的波长;(2)第二条谱线(+2 级)的角位置。

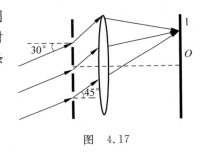

图 4.17

5. 一束平行红色光线垂直照射到一个 5 缝光栅上,已知光栅常数为 0.3 cm,缝的宽度为 0.1 cm。试求:(1)缺级的级次;(2)画出光栅衍射的光强分布曲线示意图。

三、思考题

1. 简述两缝光栅衍射与杨氏双缝干涉的区别与联系。

专业_____ 学号_____ 成绩_____

班级_____ 姓名_____

单元 5 光 的 偏 振

一、填空题

1. 使一光强为 I_0 的平面偏振光先后通过两个偏振片 P_1 和 P_2,P_1 和 P_2 的偏振化方向与原入射光光矢量振动方向的夹角分别为 30°和 90°,则通过偏振片 P_1 和 P_2 后的光强分别为_____和_____。

2. 用一偏振片进行检偏实验研究,已知入射光可能是自然光、部分偏振光或线偏振光。当偏振片绕光轴方向旋转 180°过程中发现透射光的强度先减小,并完全消光,而后又逐渐变强,则该入射光是_____光。

3. 根据布儒斯特定律可以测定不透明介质的折射率,今在空气中测得介质的起偏振角为 60°,则该介质的折射率为_____。

4. 用方解石晶体(负晶体)切成一个截面为正三角形的棱柱,光轴方向如图 4.18 所示,若自然光以入射角 i 入射并产生双折射,试定性地分别画出 o 光和 e 光的光路及振动方向。

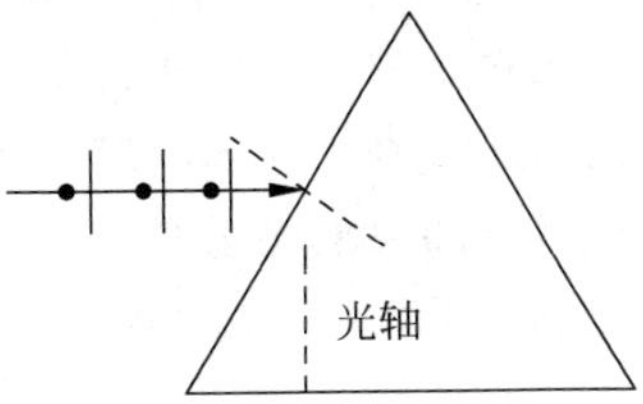

5. 在双折射晶体内部,沿某个特定方向寻常光和非寻常光的传播速度相等。该特定方向称为晶体的_____。

图 4.18

6. 一束光是自然光和线偏振光的混合光,且线偏振光的强度是自然光的强度的 3 倍,让它垂直通过一偏振片。若以此入射光束为轴旋转偏振片,则测得透射光强度最大值与最小值的比值应为_____。

7. 一束自然光以 59°入射角照射到某玻璃上时,反射光为完全偏振光则可知折射光为_____光,且折射角为_____。

8. 在拍摄玻璃橱窗展品时,照相机镜头需要加一偏振片以滤掉玻璃表面的反射光对展品拍摄质量的影响。现已知橱窗玻璃的折射率为 1.60,则照相机拍摄时需与玻璃表面法线所成的角度为_____。

9. 某种透明媒质对于空气的临界角(指反射)等于 60°,光从空气射向此媒质时的布儒斯特角是_____。

10. 在双折射晶体内部,有一特定方向,光在晶体内沿该方向传播时,寻常光和非常光具有相同的传播速度。若在垂直于该特定方向的方向上寻常光的传播速度小于非常光的传播速度,则该晶体是_____晶体。

二、计算题

1. 某人在平静湖水边用偏振片观察太阳在水面上的反射光时发现,在观察角为 55°时反射光为完全线偏振光。试根据这一现象求湖水的折射率。

2. 强度为 I_0 的自然光通过两个相互垂直的偏振片 A 和 B 后,出现透射光消光现象,若在两个偏振片中间放入第三个偏振片 C,并且 C 的偏振化方向与 A 的偏振化方向成 $30°$ 时,分别求出通过 C 与 B 后透射光的强度是多少?

3. 有一云母片静置于食盐水中,设云母片与水面夹角为 θ(如图 4.19 所示)。已知食盐水和云母的折射率分别为 1.35 和 1.60。试求当图中水面和玻璃板面的反射光都是完全偏振光时,θ 角的大小。

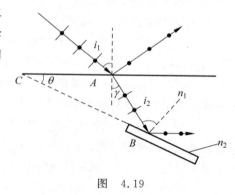

图 4.19

三、思考题

1. 偏振片在实际中可制照相机的滤光片。那么,滤光片是如何让照相机拍摄到清晰的橱窗内物品影像的?

第五部分

量子力学

专业_____ 学号_____ 成绩_____

班级_____ 姓名_____

单元1 波粒二象性

一、填空题

1. 波长为 20 cm 的一个光子的动能是_____eV，动量的大小是_____kg·m/s(普朗克常量 $h=6.63\times10^{-34}$ J·s)。

2. 已知某金属的逸出功为 3.0 eV，一单色光照射到这种金属表面可产生光电效应，则此单色光的频率 ν 必须满足_____。

3. 已知康普顿效应中入射 X 射线的波长 $\lambda=0.1$ nm，设散射 X 射线中波长最长、最短的波长分别为 λ_{max}、λ_{min}，则 $\lambda_{max}-\lambda_{min}=$_____nm。

4. 在电子的双缝干涉试验中，一束动量为 p 的电子，垂直入射到相距为 d 的双缝上，在距离双缝屏为 D 处的观察屏上看见干涉条纹的间距等于_____。

5. 设描述微观粒子运动的归一化波函数为 $\Psi(r,t)$，则 $\Psi\Psi^*$ 表示_____。

二、计算题

1. 某恒星的表面温度为 5 000℃，若将恒星看作黑体，则恒星光谱辐出度最大值对应的频率是多少？恒星单位时间向外辐射出的能量是多少？恒星由于辐射而单位时间丢失的质量是多少(此恒星半径 $R=7.0\times10^5$ km)？

2. 某金属的逸出功为 2.0 eV，用单个光子的能量为 3.5 eV 的单色光照射其表面，求(1)光电子的最大速度及相应的德布罗意波长；(2)此种金属的红限频率(普朗克常量 $h=6.63\times10^{-34}$ J·s，电子的静止质量 $m_e=9.11\times10^{-31}$ kg)。

3. 康普顿效应中入射 X 射线的波长为 λ_0，求散射 X 射线的散射角为 φ 时，反冲电子的动能。

4. 当电子的德布罗意波长等于质子的康普顿波长时，请计算电子的动量大小和总能量（结果用国际单位制表示，质子的静止质量 $m_p = 1.67 \times 10^{-27}$ kg，电子的静止质量 $m_e = 9.11 \times 10^{-31}$ kg）。

5. 在电子单缝衍射实验中，在单缝屏平面上建立 xy 坐标系，若单缝与 x 轴平行且缝宽 $d=1$ nm，电子束垂直射在单缝上，求衍射的电子横向动量的不确定量 Δp_x 和 Δp_y。

专业_____　　学号_____　　成绩_____

班级_____　　姓名_____

单元2　氢原子的玻尔理论

一、填空题

1. 氢原子的能级可表示为_____eV,其中基态的能量是_____eV。

2. 当氢原子从第四激发态跃迁到第二激发态时,放出光子的能量是_____eV。

3. 当氢原子从 $n=n_1$ 的低能态跃迁到 $n=n_2$ 的高能态时,吸收光子的能量是_____eV。

4. 当氢原子处于 $n=3$ 的激发态时,能放出_____种波长不同的电磁波,其中波长最长的电磁波对应的波长为_____nm。

5. 氢原子的莱曼系均是紫外线,它是氢原子从高激发态向 $n=$ _____的能态跃迁时所放出的电磁波。

6. 氢原子的巴尔末系均是可见光,它是氢原子从高激发态向 $n=$ _____的能态跃迁时所放出的电磁波。

7. 氢原子的帕邢系均是红外线,它是氢原子从高激发态向 $n=$ _____的能态跃迁时所放出的电磁波。

习题答案

第一部分 力　　学

单元1　质点运动学

一、填空题

1. 34.5 m；24.7 L

2. $\left[\left(\dfrac{dv}{dt}\right)^2+\left(\dfrac{v^2}{R}\right)^2\right]^{1/2}$

3. 0.82 s

4. 69.8 m/s

5. 0.15 m/s^2；1.26 m/s^2

6. 0.2 m/s^2

二、计算题

1. **解**　由运动方程可知：质点作直线运动，$t=0$ 及 $t=4$ s 时刻的坐标分别为
$$x_0=0,\quad x_4=6\times 4-4^2=8$$
（1）所以质点在此时间间隔内位移的大小为
$$\Delta x=x_4-x_0=8\text{ m}$$
（2）因质点的运动速度 $v=\dfrac{dx}{dt}=6-2t$，可见质点作变速运动。又因 $t=3$ s 时，$v=0$；$t<3$ s 时，$v>0$；$t>3$ s 时，$v<0$。所以质点在 0～3 s 间向 x 轴正方向运动，3～4 s 间向 x 轴反方向运动，故在 0～4 s 时间间隔内，质点走过的路程为
$$s=|x_3-x_0|+|x_4-x_3|=|6\times3-3^2|+|6\times4-4^2-(6\times3-3^2)|$$
$$=9+1=10(\text{m})$$

2. **解**　建立如解图 1.1 坐标系。

（1）50 s 内人的位移为
$$\Delta\boldsymbol{r}=\overrightarrow{OA}+\overrightarrow{AB}+\overrightarrow{BC}$$
$$=30\boldsymbol{i}-10\boldsymbol{j}+18\cos45°(-\boldsymbol{i}+\boldsymbol{j})$$
$$=17.27\boldsymbol{i}+2.73\boldsymbol{j}$$

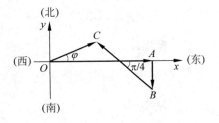

解图 1.1

则 50 s 内平均速度的大小为
$$|\bar{\boldsymbol{v}}|=\left|\dfrac{\Delta\boldsymbol{r}}{\Delta t}\right|=\dfrac{\sqrt{17.27^2+2.73^2}}{50}=0.35(\text{m/s})$$

方向为与 x 轴的正向夹角：
$$\varphi=\arctan\dfrac{\Delta y}{\Delta x}=\arctan\dfrac{2.73}{17.27}=8.98°\quad（东偏北 8.98°）$$

（2）50 s 内人走的路程为 $s=30+10+18=58(\text{m})$，所以平均速率为
$$\bar{v}=\dfrac{s}{\Delta t}=\dfrac{58}{50}=1.16(\text{m/s})$$

3. **解**　建立如解图 1.2 坐标系，由已知条件，有
$$\boldsymbol{v}_{风地}=-60\boldsymbol{i}(\text{km/h})$$

$|\boldsymbol{v}_{机风}|=180$ km/h，方向未知

$\boldsymbol{v}_{机地}$，大小未知，方向正北。

由相对速度公式，$\boldsymbol{v}_{机地}=\boldsymbol{v}_{机风}+\boldsymbol{v}_{风地}$

则各速度矢量三角形为直角三角形，如解图 1.2 所示。

于是飞机相对于地面的速率为

$$|\boldsymbol{v}_{机地}|=\sqrt{180^2-60^2}=170(\text{km/h})$$

驾驶员应取的航向为北偏东

$$\theta=\arcsin\frac{60}{180}=19.47°$$

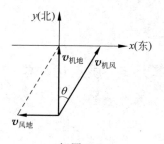

解图 1.2

4. 解 先根据已知条件求常量 k。$t=2$ s 时，P 点的速度值

$$v=R\omega=Rkt^2=2k\times 2^2=32(\text{m/s})$$

$$k=\frac{32}{4\times 2}=4(\text{rad/s}^3)$$

所以 $t=1$ s 时，质点 P 的速度大小为

$$v=Rkt^2=2\times 4\times 1^2=8(\text{m/s})$$

切向加速度的大小 $a_t=\dfrac{\mathrm{d}v}{\mathrm{d}t}=2Rkt=2\times 2\times 4\times 1=16(\text{m/s}^2)$

法向加速度的大小 $a_n=\dfrac{v^2}{R}=k^2Rt^4=4^2\times 2\times 1=32(\text{m/s}^2)$

故加速度的大小为 $a=\sqrt{a_t^2+a_n^2}=\sqrt{16^2+32^2}=35.8(\text{m/s}^2)$

5. 解 抛体运动的加速度大小为 g，方向向下。由矢量分解得：

切向加速度的大小为 $a_t=g\cos 60°=g/2$

法向加速度的大小为 $a_n=\dfrac{v^2}{\rho}=g\cos 30°=\dfrac{\sqrt{3}}{2}g$

所以轨道的曲率半径 $\rho=\dfrac{v^2}{a_n}=\dfrac{2\sqrt{3}v^2}{3g}$

三、思考题

1. 根据定义，瞬时速度为 $\boldsymbol{v}=\dfrac{\mathrm{d}\boldsymbol{r}}{\mathrm{d}t}$，瞬时速率为 $v=\dfrac{\mathrm{d}s}{\mathrm{d}t}$，由于 $|\mathrm{d}\boldsymbol{r}|=\mathrm{d}s$，所以 $|\boldsymbol{v}|=v$。平均速度 $\overline{\boldsymbol{v}}=\dfrac{\Delta\boldsymbol{r}}{\Delta t}$，平均速率 $\overline{v}=\dfrac{\Delta s}{\Delta t}$，而一般情况下 $|\Delta\boldsymbol{r}|\neq\Delta s$，所以 $\overline{\boldsymbol{v}}\neq\overline{v}$。

2. 不一定。质点作加速圆周运动的时候，切向加速度与质点速度同向，总加速度则偏向运动前方。

单元 2 牛顿运动定律

一、填空题

1. R^3

2. $(2a_0+g)/3$

3. $\sqrt{\dfrac{\mu_0 g}{R}}$

4. $a \geqslant \dfrac{g}{\mu_0}$

5. $v = 6t^2 + 4t + 6 \,(\text{m/s})$; $x = 2t^3 + 2t^2 + 6t + 5 \,(\text{m})$

6. $\theta = \arctan\left(\dfrac{a}{g}\right)$

7. 168 km/h 或 46.7 m/s

8. 0.7 m/s²

二、计算题

1. 解 子弹进入墙壁后的受力为 $-kv$，由牛顿定律

$$-kv = m\dfrac{\mathrm{d}v}{\mathrm{d}t}, \quad -\int_0^t \dfrac{k}{m}\mathrm{d}t = \int_{v_0}^v \dfrac{\mathrm{d}v}{v} \Rightarrow v = v_0 \mathrm{e}^{-kt/m}$$

因为 $v = \dfrac{\mathrm{d}x}{\mathrm{d}t}$，所以 $\mathrm{d}x = v_0 \mathrm{e}^{-kt/m} \mathrm{d}t$

积分得

$$\int_0^x \mathrm{d}x = \int_0^t v_0 \mathrm{e}^{-kt/m} \mathrm{d}t, \quad x = \dfrac{m}{k} v_0 (1 - \mathrm{e}^{-kt/m})$$

所以 $x_{\max} = \dfrac{m}{k} v_0$

2. 解 球形容器在水中受到重力 G、浮力 F_0 和黏滞力 f 的作用，容器所受合力的大小为 $G - F_0 - f = ma$，记 $F = G - F_0$，则 $F - f = ma$。代入 f，则

$$F - 18.8\eta r v = m\dfrac{\mathrm{d}v}{\mathrm{d}t} \Rightarrow \dfrac{\mathrm{d}v}{\mathrm{d}t} = -\dfrac{18.8\eta r}{m}\left(v - \dfrac{F}{18.8\eta r}\right)$$

将上式分离变量后积分，得

$$\int_0^v \dfrac{\mathrm{d}v}{v - \dfrac{F}{18.8\eta r}} = -\dfrac{18.8\eta r}{m}\int_0^t \mathrm{d}t$$

$$v = \dfrac{F}{18.8 r\eta}[1 - \mathrm{e}^{-(18.8 r\eta/m)t}]$$

由此可见，容器下沉的速度随 t 增加而增加，当时间趋于无限大时，下沉速度趋于一极限

$$v_1 = \dfrac{F}{18.8 r\eta}$$

3. 解 以飞机落地处为坐标原点，飞机滑行方向为 x 轴，竖直向上为 y 轴，建立直角坐标系。飞机在任意一时刻（滑行过程中）受力如解图 1.3 所示，其中 $f = \mu N$ 为摩擦力，$F_{阻} = c_x v^2$ 为空气阻力，$F_{升} = c_y v^2$ 为升力。由牛顿运动定律列方程：

$$\sum F_x = -c_x v^2 - \mu N = m\dfrac{\mathrm{d}v}{\mathrm{d}t} = m\dfrac{\mathrm{d}v}{\mathrm{d}x}\dfrac{\mathrm{d}x}{\mathrm{d}t} = mv\dfrac{\mathrm{d}v}{\mathrm{d}x} \quad (1)$$

$$\sum F_y = c_y v^2 + N - mg = 0 \quad (2)$$

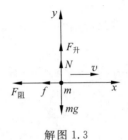

解图 1.3

由以上两式可得

$$-\mu(mg - c_y v^2) - c_x v^2 = mv\dfrac{\mathrm{d}v}{\mathrm{d}x}$$

分离变量积分

$$\int_0^x \mathrm{d}x = \int_{v_0}^v -\frac{m\mathrm{d}(v^2)}{2[\mu mg + (c_x - \mu c_y)v^2]}$$

得飞机坐标 x 与速度 v 的关系

$$x = \frac{m}{2(c_x - \mu c_y)} \ln \frac{\mu mg + (c_x - \mu c_y)v_0^2}{\mu mg + (c_x - \mu c_y)v^2}$$

令 $v=0$，得飞机从着地到静止滑行距离为

$$x_{\max} = \frac{m}{2(c_x - \mu c_y)} \ln \frac{\mu mg + (c_x - \mu c_y)v_0^2}{\mu mg}$$

根据题设条件，飞机刚着地时对地面无压力，即

$$N = mg, \quad c_y v_0^2 = 0, \quad \text{又 } k = \frac{c_y}{c_x} = 5$$

得到 $c_y = \frac{mg}{v_0^2}$，$c_x = \frac{c_y}{5} = \frac{mg}{5v_0^2}$

所以有 $x_{\max} = \frac{5v_0^2}{2g(1-5\mu)} \ln \frac{1}{5\mu}$

$$= \frac{5 \times (90 \times 10^3/3\,600)^2}{2 \times 10 \times (1 - 5 \times 0.1)} \ln \frac{1}{5 \times 0.1} = 218 \,(\mathrm{m})$$

4. **解** 各物体受力如解图 1.4 所示。如果最下面物体恰能抽出，各物体需要满足动力学方程：

$$f_4 = 2ma$$
$$F - f_2 - f_3 = ma$$
$$N_4 = 2mg, \quad N_2 - N_3 = mg$$
$$f_3 = f_4 = \mu N_4, \quad f_1 = f_2 = \mu N_2$$
$$\text{且 } N_4 = N_3, \quad N_2 = N_1$$

解上述方程，可得 $F = 6\mu mg$

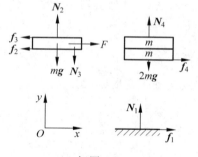

解图 1.4

5. **解** 以电梯为参考系，以小球为研究对象，设小球质量为 m，绳所能承受的最大张力为 $F_{\max}$，根据非惯性系中的牛顿第二定律。

当向上加速度为 $a = 2 \,\mathrm{m/s^2}$，有

$$mg + ma = F = (1/3)F_{\max} \tag{1}$$

设保持绳未断的最大加速度为 $a_{\max}$，有

$$mg + ma_{\max} = F_{\max} \tag{2}$$

联立式(1)—式(2)，解得 $a_{\max} = 3a + 2g = 26\,(\mathrm{m/s^2})$

所以电梯的向上加速度不能超过 26 m/s²。

三、思考题

哈勃望远镜在轨道上运行，依据牛顿第二定律，

$$F_n = m\frac{v^2}{r} = G\frac{Mm}{r^2}, \quad \text{周期 } T = \frac{2\pi r}{v} = 5.8 \times 10^3 \,(\mathrm{s})$$

故 $v = \sqrt{\frac{GM}{r}} = 7.6 \times 10^3 \,(\mathrm{m/s})$，逃逸速率：$v = \sqrt{\frac{2GM}{r}} = \sqrt{2}\,v = 1.1 \times 10^4 \,(\mathrm{m/s})$

单元 3　动量与角动量

一、填空题

1. 4 m/s

2. $v=\dfrac{Mv_0}{m\cos\theta}$

3. 4 m/s, 2.5 m/s

4. $\dfrac{\pi R mg}{v}$

5. mv

6. $L/4$

7. $3\sqrt{3}$ kg·m/s

二、计算题

1. **解**　(1) m 与 M 相碰,设 M 对 m 的竖直平均冲力为 $\overline{F}$,由动量定理有
$$(\overline{F}-mg)\Delta t=mv_2-0$$
忽略重力 mg,可得
$$\overline{F}=\dfrac{mv_2}{\Delta t}$$
由牛顿第三定律,M 受 m 竖直向下平均冲力也是 $\overline{F}=\dfrac{mv_2}{\Delta t}$。对于 M,设地面支持力为 $\overline{N}$,有
$$\overline{N}-Mg-\overline{F}=0,\quad \overline{N}=Mg+\overline{F}=Mg+\dfrac{mv_2}{\Delta t}$$
M 对地的平均作用力为:$\overline{N}=Mg+\dfrac{mv_2}{\Delta t}$,方向竖直向下。

(2) 以 m 和 M 为研究对象,系统在水平方向不受外力作用,动量守恒,故有
$$mv_1+MV=M(V+\Delta V)$$
式中 V 为滑块对地速度,所以滑块速度增量的大小为 $\Delta V=\dfrac{m}{M}v_1$。

2. **解**　当滑块与半球脱离时,半球仅受重力,半球加速度为 0,可以视为惯性系。以半球为参考系,则有
$$mg\cos\theta=m\dfrac{v^2}{R}\tag{1}$$
以地面为参考系,滑块和半球系统水平方向动量守恒,于是有
$$m(v\cos\theta-V)-MV=0\tag{2}$$
对于地球、半球和滑块系统,机械能守恒,于是有
$$mgR(1-\cos\theta)=\dfrac{1}{2}m[(v\cos\theta-V)^2+v^2\sin^2\theta]+\dfrac{1}{2}MV^2\tag{3}$$
将式(1)、式(2)和式(3)联立,将 $\cos\theta=0.7$ 代入,可得 $M/m=2.43$。

3. **解**　$mv_0=mv_A\cos\beta+mv_B\cos\alpha$
$$0=-mv_A\sin\beta+mv_B\sin\alpha$$
$$\dfrac{1}{2}mv_0^2=\dfrac{1}{2}mv_A^2+\dfrac{1}{2}mv_B^2$$

上述三式联立可得

$$\cos(\alpha+\beta)=0 \Rightarrow \alpha+\beta=\frac{\pi}{2}$$

4. 解 先以第一艘船 M 和中间船抛来的物体 m 为系统,动量守恒

$$Mv+m(v+v')=(M+m)v_1$$

于是

$$v_1=v+\frac{m}{M+m}v'$$

同理,以第二艘船和抛出的物体为系统,以及以第三艘船和抛来的物体为系统,可分别得到船速为

$$v_2=v,\quad v_3=v-\frac{m}{M+m}v'$$

三、思考题

1. 系统角动量守恒,故有

$$Rm_1v_1=Rm_2v_2,\quad m_1=m_2 \Rightarrow v_1=v_2$$

因此当猴子想吃香蕉相对地面以 v_2 速度向上爬时,香蕉也以相同的速度上升。猴子和香蕉总是具有相同的对地速度,猴子总是吃不到香蕉。

2. 重锤猛击表示锤子与石板的作用时间很短,锤子所受的冲量与时间之比可以得到很大的作用力足以使石板粉碎。所以,人还没来得及感受到力的作用,石板就已经碎了。

单元 4 功和能

一、填空题

1. 18 J

2. 2.67 m/s

3. 6.25×10^{10} J

4. 12 J

5. 动能、动量、功

6. 无关

7. 不能,能

二、计算题

1. **解** 如解图 1.5 所示,设桌面为重力势能零点,以向下为坐标轴正向。在下垂的链条上坐标为 x 处取质元,长为 dx,质量为 $dm=\frac{m}{a}dx$

将链条提上桌面,外力克服重力做功,$dA=dm \cdot gx=\frac{m}{a}gx dx$

将悬挂部分全部拉到桌面上,外力做功为

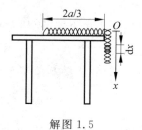

解图 1.5

$$A=\int_0^{a/3}\frac{m}{a}gx dx=\frac{mga}{18}$$

2. **解** 外力刚向下拉时,弹簧伸长,物体 M 未被拉起,直到弹簧伸长 x_0 时,M 才被拉

起并向上匀速运动,则 $x_0 = \dfrac{mg}{k} = \dfrac{1 \times 10}{100} = 0.1 \text{(m)}$,$F$ 在整个过程中的函数为

$$F = \begin{cases} kx, & 0 \leqslant x \leqslant 0.1 \\ Mg = 30, & 0.1 \leqslant x \leqslant 0.3 \end{cases}$$

力 F 做的功,为

$$A = \int_0^{0.3} F \,\mathrm{d}x = \int_0^{0.1} kx \,\mathrm{d}x + \int_{0.1}^{0.3} mg \,\mathrm{d}x = 0.5 + 2 = 2.5 \text{(J)}$$

3. **解** (1) 万有引力充当向心力,得 $G\dfrac{Mm}{R^2} = m\dfrac{v^2}{R}$

总机械能为

$$E = E_k + E_p = \dfrac{1}{2}mv^2 + \left(-\dfrac{GMm}{R}\right) = -\dfrac{GMm}{2R} = -3.83 \times 10^{28} \text{(J)}$$

(2) 当 $R' = 1.2 \times 10^9$ m 时,系统的机械能为

$$-\dfrac{GMm}{2R'} = -1.23 \times 10^{28} \text{(J)}$$

所需要的能量为:$W = E' - E = 2.6 \times 10^{28} \text{(J)}$

4. **解** 0~6 s 内应用动量定理 $\int_0^6 3t^2 \,\mathrm{d}t = mv_6 - 0$,得

$$v_6 = \dfrac{6^3}{3} = 72 \text{(m·s}^{-1}\text{)}$$

6~12 s 内再应用动量定理 $\int_6^{12} 10 \,\mathrm{d}t = mv_{12} - mv_6$,得

$$v_{12} = \dfrac{10(12-6)}{3} + v_6 = 20 + 72 = 92 \text{(m·s}^{-1}\text{)}$$

根据质点的动能定理,12 s 内变力做的功为

$$A = \dfrac{1}{2}mv_{12}^2 - 0 = \dfrac{1}{2} \times 3 \times 92^2 = 12\,696 \text{(J)}$$

$$mgh = 12\,696 \text{(J)}$$

$$h = 431.8 \text{ m}$$

5. **解** 质点初始时刻的动能为

$$\dfrac{1}{2}mv_0^2 = \dfrac{1}{2}m(v_{0y}^2 + v_{0z}^2) = 62.5 \text{(J)}$$

末时刻的动能为

$$\dfrac{1}{2}mv^2 = \dfrac{1}{2}m(v_x^2 + v_z^2) = 222.5 \text{(J)}$$

质点所受外力的功为

$$A = \dfrac{1}{2}mv^2 - \dfrac{1}{2}mv_0^2 = 160 \text{(J)}$$

6. **解** (1) $E_k + E_p = E = \dfrac{1}{2}kx_{\max}^2 = 2 \text{(J)}$

根据题意,即 $\dfrac{1}{2}kx^2 = 1$,求得 $x = \pm 0.14 \text{(m)}$。

(2) 由 $\frac{1}{2}mv^2=1$ 求得 $v=\pm 1 (\text{m/s})$。

$$a=\frac{F}{m}=\frac{\pm kx}{m}=\pm 7(\text{m/s}^2)$$

三、思考题

1. 根据功的定义：$A_{12}=\int_{(1)}^{(2)}\text{d}A=\int_{(1)}^{(2)}\boldsymbol{F}\cdot\text{d}\boldsymbol{r}$，其中力 $\boldsymbol{F}$ 具有伽利略变换不变性，与参考系无关，而位移 d $\boldsymbol{r}$ 为相对量，与参考系的选择有关，因此功的计算与参考系的选择有关。一对保守内力的做功之和等于该系统的相应势能的减少，规定势能零点后即可确定相应势能的具体值。一对保守内力的做功之和与两物体之间的相对位移有关，与参考系的选择无关，因此势能与参考系的选择无关，只与以保守内力相互作用的两物体之间的相对位置有关。

2. 时间 $t\sim -t$ 的变换，称为时间反演变换。保守系统的运动规律具有时间反演不变性，非保守系统则不具备时间反演对称性。例如：将无阻尼的单摆运动录下来，正、反播放没有什么区别，而对于有阻尼的单摆运动，正着播放时，振幅越来越小，反着播放时振幅越来越大。

单元 5　刚体的定轴转动

一、填空题

1. $2mv/Mr$

2. $1 \text{ m/s}^2, 112.5 \text{ m/s}^2$

3. $36F/7ml$

4. $2mg/(2m+M)$

5. fr/J

6. $\boldsymbol{F}\cdot\text{d}\boldsymbol{r}$

7. $2mr^2\omega$

8. $\sqrt{\dfrac{2FR\pi}{J}}, FR/J$

二、计算题

1. **解**　撤去外力后 m 受到向上拉力 T 和重力 mg，对 m 应用牛顿第二定律，有

$$Mg-T=ma \tag{1}$$

撤去外力后，圆轮受到向下拉力产生的力矩为 TR，应用刚体定轴转动定律，有

$$Tr=J\beta \tag{2}$$

角加速度与加速度的关系为

$$a=r\beta \tag{3}$$

联立式(1)～式(3)，解得

$$a=mgr/(mr+J/r)=6.03(\text{m}\cdot\text{s}^{-2})$$

因为 $v_0-at=0$

所以 $t=v_0/a=0.083 \text{ s}$

2. 解 以细棒和支点为研究对象，碰撞过程中合外力矩为零，系统角动量守恒。

设细棒的线密度为 $\lambda\left(\lambda=\dfrac{m}{L}\right)$，建立解图 1.6 所示的坐标轴，则碰前细棒的角动量大小为（对 O 点）

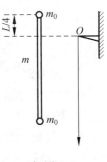

解图 1.6

$$\int_0^{3L/4} \lambda v_0 x \mathrm{d}x + 3m_0 v_0 L/4 - \int_0^{-L/4} \lambda v_0 x \mathrm{d}x - m_0 v_0 L/4$$
$$= \lambda v_0 L^2/4 + m_0 v_0 L/2$$
$$= \dfrac{1}{4} m v_0 L + m_0 v_0 L/2$$

碰后，细棒对 O 点的角动量大小为
$$J\omega = (7mL^2/48 + 5m_0 L^2/8)\omega$$

由角动量守恒定律：$\dfrac{1}{4}mv_0 L + m_0 v_0 L/2 = (7mL^2/48 + 5m_0 L^2/8)\omega$

可得碰后细棒绕 O 点的角速度 $\omega = \dfrac{\dfrac{1}{4}mv_0 L + m_0 v_0 L/2}{7mL^2/48 + 5m_0 L^2/8}$

3. 解 对 m 应用牛顿第二定律，
$$mg - T = ma \tag{1}$$

对刚体应用定轴转动定律，
$$TR = J\alpha \tag{2}$$

又由运动学关系，
$$\alpha = a/R \tag{3}$$
$$\dfrac{1}{2}at^2 = 1 \tag{4}$$

联立式(1)~式(4)，解得：$J = m(g-a)R^2/a = 18.6 (\mathrm{kg \cdot m^2})$

4. 解 (1) 以圆盘和黏土块为研究系统，在碰撞过程中系统的角动量守恒：
$$mv_0 r = (J + mR^2)\omega, \quad 求得 \omega = 3.5 \mathrm{~rad/s}$$

(2) 碰撞后，黏土块随圆盘顺时针转动直至第一次静止，此过程中系统的机械能守恒。以碰撞位置为势能零点，有
$$mgh = (1/2)(J + mR^2)\omega^2, \quad 求得 h = 0.087\,5 \mathrm{~m}$$
$$\cos\theta = \dfrac{(0.087\,5 + 0.1)}{0.2} = 0.937\,5, \quad 得 \theta \approx 20°$$

(3) 圆盘与黏土块在第一次静止后，在黏土块所受重力作用下开始逆时针旋转。在此过程中，系统的机械能仍然守恒，有
$$mg(h + 0.3) = (1/2)(J + mR^2)\omega^2, \quad 求得 \omega = 7.37 \mathrm{~rad/s}$$

5. 解 设定滑轮的角加速度为 α，对定滑轮应用转动定理：
$$FR - TR = J\alpha \tag{1}$$

设 m 的加速度为 a，对其应用牛顿第二定律：
$$T - mg\sin\theta - f = ma \tag{2}$$
$$N = mg\cos\theta \tag{3}$$

$$f = \mu N \tag{4}$$
$$a = \alpha R \tag{5}$$

联立式(1)～式(5),解得,$a=(FR^2-mg\sin\theta R^2-\mu mg\cos\theta R^2)/(I+mR^2)$

三、思考题

1. 花样滑冰运动员可以先把一条腿和双臂伸开,并用脚蹬冰使自己转动起来,然后再收拢腿和手臂,就可以使转速明显加快。这是利用了角动量守恒的原理,角动量的表达式为 $J\omega$。当一条腿和双臂伸开时,人对旋转轴的转动惯量 J 比较大;当腿和手臂收回时,转动惯量 J 较小,根据角动量守恒,这时旋转角速度 ω 会变大。

2. 猫从高处以"四脚朝天"的姿势下落的瞬间,全身不发生转动,总角动量为零。而快落地时,尾巴一甩,尾巴部分就具有了角动量。根据角动量守恒定律,这时身体必须向反方向转动,产生一个反向的角动量,来保持总角动量为零。另外由于猫很灵活,它在甩动尾巴的同时还能调节身体各个部位,以此来达到身体快速转动的目的。这样,当它靠近地面时,四肢已朝下,首先着地,就不会再伤害身体其他部位了。

单元 6　狭义相对论基础

一、填空题

1. 光速不变原理
2. 0.3 m^2, 0.5 m^2
3. 115 min
4. c
5. $(2/3)m_0c^2$, $(5/3)m_0c^2$, m_0c^2

二、计算题

1. 16.1 m

2. **解**　(1) A 点观测者测得车身的长度为
$$L = L_0\sqrt{1-(v/c)^2} = 60 \text{ m}$$
则
$$\Delta t_1 = L/v = 2.5\times 10^{-7} \text{ s}$$

(2) 乘客测得的长度为 L_0,则
$$\Delta t_2 = L_0/v = 4.2\times 10^{-7} \text{ s}$$

3. **解**　据相对论动能公式　$E_k = mc^2 - m_0c^2$

得　$E_k = m_0c^2\left(\dfrac{1}{\sqrt{1-(v/c)^2}} - 1\right)$　即　$\dfrac{1}{\sqrt{1-(v/c)^2}} - 1 = \dfrac{E_k}{m_0c^2} = 1.419$

解得　$v = 0.91c$

平均寿命为　$\tau = \dfrac{\tau_0}{\sqrt{1-(v/c)^2}} = 5.31\times 10^{-8}$ s

$L = v\tau = 0.91c \times 5.31\times 10^{-8} = 14.5$ m

4. **解**　(1) 地面观测者测得一节课的时间间隔为固有时间,设为 Δt,设宇航员测得一节课的时间间隔为 $\Delta t'$,

$$u = \frac{3}{5}c$$

代入,得 $\Delta t' = \dfrac{\Delta t}{\sqrt{1-\left(\dfrac{u}{c}\right)^2}} = \dfrac{50 \times 60 \times 5}{4} = 3\,750(\text{s})$

(2) 由洛伦兹变换 $x' = \gamma(x - ut)$,宇航员测得两事件的坐标差为
$$\Delta x' = \gamma(\Delta x - u\Delta t)$$

由题意 $\Delta x = 0$,有
$$\Delta x' = -\dfrac{u\Delta t}{\sqrt{1-\left(\dfrac{u}{c}\right)^2}}$$
$$= -\dfrac{0.6c \times 50 \times 60}{\sqrt{1-\left(\dfrac{3}{5}\right)^2}} = -2\,250c$$
$$= -6.75 \times 10^{11}(\text{m})$$

即两事件的距离为 $L = |\Delta x'| = 6.75 \times 10^{11}$ m

三、思考题

1. 时空测量的相对性不会改变因果律。

设两事件 P_1、P_2 在 S 和 S' 系中的时空坐标分别为
$$S: P_1(x_1, t_1), P_2(x_2, t_2)$$
$$S': P_1(x'_1, t'_1), P_2(x'_2, t'_2)$$

由洛伦兹变换有:
$$\Delta t' = t'_2 - t'_1 = \gamma\left[\left(t_2 - \dfrac{u}{c^2}x_2\right) - \left(t_1 - \dfrac{u}{c^2}x_1\right)\right]$$
$$= \gamma(t_2 - t_1)\left[1 - \dfrac{u}{c^2}\dfrac{x_2 - x_1}{t_2 - t_1}\right]$$
$$= \gamma\Delta t\left(1 - \dfrac{u}{c^2}v_s\right), \quad v_s = \dfrac{x_2 - x_1}{t_2 - t_1}$$

若 P_1 为因,P_2 是果,则 $v_s \leqslant c$,又 $u < c$,所以 $1 - \dfrac{u}{c^2}v_s > 0$,$\Delta t'$ 和 Δt 同号。

所以时空测量的相对性不会改变因果律。

2. 根据时间延缓效应,一个运动的钟和一系列静止的钟比较,运动的钟变慢了,因此一个运动时钟的"1 s"比一系列静止时钟的"1 s"长。

3. 不能。根据质量与速度的关系式,当小球的速度趋近光速时,它的动质量 m 会趋于无穷大,加速它会越来越困难。实际上任何静止质量不为零的物体都不可能达到光速。而静止质量为零的不是"物体",而是光辐射,即光子。

第二部分 电 磁 学

单元 1 静止电荷的电场

一、填空题

1. 1.6×10^{-19} C

2. 在不同的参考系内观察,同一带电粒子的电量不变。
3. 电荷只有正负两种类型;电荷是量子化的;电荷守恒定律;电荷的相对论不变性
4. $\rho x/\varepsilon_0$;$\rho d/2\varepsilon_0$
5. $-\dfrac{\lambda}{2\pi\varepsilon_0 a}\boldsymbol{i}$
6. $q/6\varepsilon_0$
7. $-\dfrac{A}{4\varepsilon_0 R}\boldsymbol{i}$
8. $\Phi=\dfrac{q}{2\varepsilon_0}(1-\cos\alpha)$
9. $E_{P1}=0$,$E_{P2}=\dfrac{Qr}{4\pi\varepsilon_0 R^3}$,$E_{P3}=\dfrac{Qr^2}{4\pi\varepsilon_0 R^4}$;$E=\dfrac{Q}{4\pi\varepsilon_0 R^2}$

二、计算题

1. **解** 当 $r\leqslant R$ 时,$\oint_S \boldsymbol{E}\cdot \mathrm{d}\boldsymbol{S}=\dfrac{\sum q}{\varepsilon_0}$,$2\pi rlE=\dfrac{\rho_e\pi r^2 l}{\varepsilon_0}$ 所以 $E=\dfrac{\rho_e r}{2\varepsilon_0}$

当 $r\geqslant R$ 时,$\oint_S \boldsymbol{E}\cdot \mathrm{d}\boldsymbol{S}=\dfrac{\sum q}{\varepsilon_0}$,$2\pi rlE=\dfrac{\rho_e\pi R^2 l}{\varepsilon_0}$,则 $E=\dfrac{R^2\rho_e}{2\varepsilon_0 r}$

所以 $E=\begin{cases}\dfrac{\rho_e r}{2\varepsilon_0}, & r\leqslant R \\ \dfrac{R^2\rho_e}{2\varepsilon_0 r}, & r\geqslant R\end{cases}$

2. **解** 无限大平行板电荷面密度为 σ,两侧场强为 $E=\dfrac{\sigma}{2\varepsilon_0}$。设向右为正方向,则

$$E_\mathrm{I}=-\dfrac{\sigma_1}{2\varepsilon_0}-\dfrac{\sigma_2}{2\varepsilon_0}+\dfrac{\sigma_3}{2\varepsilon_0}=-\dfrac{\sigma}{2\varepsilon_0}$$

$$E_\mathrm{II}=\dfrac{\sigma_1}{2\varepsilon_0}-\dfrac{\sigma_2}{2\varepsilon_0}+\dfrac{\sigma_3}{2\varepsilon_0}=\dfrac{\sigma}{2\varepsilon_0}$$

$$E_\mathrm{III}=\dfrac{\sigma_1}{2\varepsilon_0}+\dfrac{\sigma_2}{2\varepsilon_0}+\dfrac{\sigma_3}{2\varepsilon_0}=\dfrac{3\sigma}{2\varepsilon_0}$$

$$E_\mathrm{IV}=\dfrac{\sigma_1}{2\varepsilon_0}+\dfrac{\sigma_2}{2\varepsilon_0}-\dfrac{\sigma_3}{2\varepsilon_0}=\dfrac{\sigma}{2\varepsilon_0}$$

3. **解** 建立一个半径为 r、长度为 l 的圆柱高斯面。
则当 $r<R_1$,$E=0$

当 $R_1<r<R_2$ 时,$\oint \boldsymbol{E}\cdot \mathrm{d}\boldsymbol{S}=\dfrac{\sum q}{\varepsilon_0}$,$2\pi rlE=\dfrac{\lambda_1 l}{\varepsilon_0}$,则 $E=\dfrac{\lambda_1}{2\pi r\varepsilon_0}$

当 $r>R_2$ 时,$\oint \boldsymbol{E}\cdot \mathrm{d}\boldsymbol{S}=\dfrac{\sum q}{\varepsilon_0}$,$2\pi rlE=\dfrac{\lambda_1 l+\lambda_2 l}{\varepsilon_0}$,则 $E=\dfrac{\lambda_1+\lambda_2}{2\pi r\varepsilon_0}$

$E=\begin{cases}0, & r<R_1 \\ \dfrac{\lambda_1}{2\pi\varepsilon_0 r}, & R_1<r<R_2 \\ \dfrac{\lambda_1+\lambda_2}{2\pi\varepsilon_0 r}, & r>R_2\end{cases}$ 如果 $\lambda_1=-\lambda_2=\lambda$,则 $E=\begin{cases}0, & r<R_1 \\ \dfrac{\lambda}{2\pi\varepsilon_0 r}, & R_1<r<R_2 \\ 0, & r>R_2\end{cases}$

4. **解** 距离轴线上方 x 处，其场强为

$E=\dfrac{Qx}{4\pi\varepsilon_0(R^2+x^2)^{3/2}}$，则小球所受的力为 $F=-mg+Eq=-mg+\dfrac{Qqx}{4\pi\varepsilon_0(R^2+x^2)^{3/2}}$

根据动能定理：$\int_R^0 F\mathrm{d}x=\dfrac{1}{2}mv^2$，故 $v=\left[2gR-\dfrac{Qq}{2\pi m\varepsilon_0 R}\left(1-\dfrac{1}{\sqrt{2}}\right)\right]^{1/2}$

三、思考题

1~4. 答案略

5. 静电力应为 $f=\int_{(q)}E_+\mathrm{d}q=\int_{(q)}\dfrac{\sigma}{2\varepsilon_0}\mathrm{d}q=\dfrac{q^2}{2\varepsilon_0 S}$

单元 2 电势

一、填空题

1. 5.56×10^{-7} C

2. $\dfrac{Q_1}{4\pi\varepsilon_0 R_1}+\dfrac{Q_2}{4\pi\varepsilon_0 R_2}$

3. $\dfrac{q}{4\pi\varepsilon_0 d}+\dfrac{-q}{4\pi\varepsilon_0 R}$

4. 处处为零，均匀分布

5. <

6. $-2\,000$ V

7. $66\boldsymbol{i}+66\boldsymbol{j}+0\boldsymbol{k}$ (SI)

8. $\dfrac{q}{4\pi\varepsilon_0 a}$

9. 起自于正电荷，终止于负电荷，电力线不闭合

10. 大于，小于

11. 有源，保守

12. $\dfrac{qQ}{6\pi\varepsilon_0 R}$

二、计算题

1. **解** P 点由对称性可知 $\varphi_P=0$

O 点电势 $\varphi_0=\int_{-l}^0 \dfrac{-\lambda\mathrm{d}x}{4\pi\varepsilon_0(2l+x)}+\int_0^l \dfrac{\lambda\mathrm{d}x}{4\pi\varepsilon_0(2l+x)}=\dfrac{\lambda}{4\pi\varepsilon_0}\ln\dfrac{3}{4}$

2. **解** 如解图 2.1 所示，设位置为 x、宽度为 $\mathrm{d}x$ 的环形窄带所带的电量为 $\mathrm{d}q$，则环形带在 O 处产生的电势为 $\mathrm{d}\varphi=\mathrm{d}q/4\pi\varepsilon_0 r$，总的电势 $\varphi=\int_0^{\frac{R_2-R_1}{\tan\alpha}}\mathrm{d}\varphi$

$$\mathrm{d}q=\sigma\dfrac{\mathrm{d}x}{\cos\alpha}2\pi r\sin\alpha=2\pi\sigma r\tan\alpha\mathrm{d}x$$

代入电势 $\varphi=\sigma(R_2-R_1)/2\varepsilon_0$

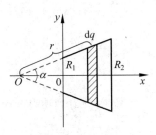

解图 2.1

3. **解** 首先由高斯定理求场强分布

$$E = \begin{cases} 0 & r \leqslant R_1 \\ \dfrac{\rho(r^3 - R_1^3)}{3\varepsilon_0 r^2}, & R_1 \leqslant r \leqslant R_2 \\ \dfrac{\rho(R_2^3 - R_1^3)}{3\varepsilon_0 r^2}, & r \geqslant R_2 \end{cases}$$

再根据 $\varphi = \int \boldsymbol{E} \cdot d\boldsymbol{r}$,求得 $\begin{cases} \varphi_{内} = \dfrac{\rho(R_2^2 - R_1^2)}{2\varepsilon_0} \\ \varphi_{外} = \dfrac{\rho(R_2^3 - R_1^3)}{3\varepsilon_0 R_2} \end{cases}$

4. **解** 设平板对称中心为零电势面,且此面上场强为零,利用高斯定理,可求

电场分布为 $E = \begin{cases} \dfrac{\rho x}{\varepsilon_0}, & |x| \leqslant d \\ \dfrac{\rho d}{\varepsilon_0}, & |x| \geqslant d \end{cases}$

可得电势 $\varphi = \begin{cases} -\dfrac{\rho x^2}{2\varepsilon_0}, & |x| \leqslant d \\ \dfrac{\rho d^2}{2\varepsilon_0} - \dfrac{\rho d}{\varepsilon_0}|x|, & |x| \geqslant d \end{cases}$

5. **解** 利用填补法,将空腔填入电荷密度为 $\pm\rho$ 的导体球,求得

$$E 4\pi r_1^2 = \dfrac{\rho \frac{4}{3}\pi r_1^3}{\varepsilon_0}, \quad \boldsymbol{E}_1 = \dfrac{\rho \boldsymbol{r}_1}{3\varepsilon_0}, \quad \boldsymbol{E}_2 = \dfrac{-\rho \boldsymbol{r}_2}{3\varepsilon_0}$$

则 $\boldsymbol{E} = \boldsymbol{E}_1 + \boldsymbol{E}_2 = \boldsymbol{E}_P = \dfrac{\rho}{3\varepsilon_0}(\boldsymbol{r}_1 - \boldsymbol{r}_2) = \dfrac{\rho}{3\varepsilon_0}\boldsymbol{a}$

6. **解** 设内圆柱壳外表面的电荷沿轴线方向的线电荷密度为 λ,外圆柱壳内表面的线电荷密度为 $-\lambda$,则内外球壳之间的场强 $E = \dfrac{\lambda}{2\pi\varepsilon_0 r}$,则内外球壳之间的电势差 $U = \int_{r_1}^{r_2} \boldsymbol{E} \cdot d\boldsymbol{r} = \dfrac{\lambda}{2\pi\varepsilon_0}\ln\dfrac{r_2}{r_1}$,代入数值得 $\lambda = 1.67 \times 10^{-8}$ C/m。

7. **解** (1) 静电能为 $W = W_1 + W_2 + W_3 = \dfrac{1}{2}q\left(\dfrac{-q}{4\pi\varepsilon_0 a} - \dfrac{2q}{4\pi\varepsilon_0 a}\right) + \dfrac{1}{2}(-q)\left(\dfrac{q}{4\pi\varepsilon_0 a} - \dfrac{2q}{4\pi\varepsilon_0 a}\right) + \dfrac{1}{2}(-2q)\left(\dfrac{q}{4\pi\varepsilon_0 a} - \dfrac{q}{4\pi\varepsilon_0 a}\right) = -\dfrac{q^2}{4\pi\varepsilon_0 a}$

(2) 重心处的电势 $\varphi = \dfrac{q - q - 2q}{4\pi\varepsilon_0 \dfrac{\sqrt{3}}{3}a} = \dfrac{-\sqrt{3}q}{2\pi\varepsilon_0 a}$

(3) 电场力的功 $W = W_{初} - W_{末} = 0 - Q\left(\dfrac{-\sqrt{3}q}{2\pi\varepsilon_0 a}\right) = \dfrac{\sqrt{3}qQ}{2\pi\varepsilon_0 a}$

8. **解** 设 AB、BC、CA 三个带电棒在 P 点、Q 点产生的电势分别为 U_A, U_B,

$$\varphi_P = 3U_A, \quad \varphi_Q = U_A + 2U_B$$

撤去 BC 棒后,P 点、Q 点产生的电势变为

$$\varphi'_P = 2U_A, \quad \varphi'_Q = U_A + U_B$$

消去 U_A 和 U_B，得

$$\varphi'_P = \frac{2}{3}\varphi_P, \quad \varphi'_Q = \frac{1}{6}\varphi_P + \frac{1}{2}\varphi_Q$$

9. **解** （1）对 E 由对称性可知，线密度 λ 所产生的 E_1 方向垂直向下，$-\lambda$ 所产生的 E_2 方向竖直向上。

$$E_1 = 2 \times \int_0^{\theta/2} \frac{(\lambda R_1 d\alpha) \cdot \cos(\alpha)}{4\pi\varepsilon_0 R_1^2} = \frac{\lambda \sin\frac{\theta}{2}}{2\pi\varepsilon_0 R_1}$$

同理 $E_2 = \dfrac{\lambda \sin\dfrac{\theta}{2}}{2\pi\varepsilon_0 R_2}$，$E = E_2 - E_1 = \dfrac{\lambda \sin\dfrac{\theta}{2}}{2\pi\varepsilon_0}\left(\dfrac{1}{R_2} - \dfrac{1}{R_1}\right)$

（2）$\varphi_1 = \int_{-\theta/2}^{\theta/2} \dfrac{\lambda R_1 d\alpha}{4\pi\varepsilon_0 R_1} = \dfrac{\lambda\theta}{4\pi\varepsilon_0}$，$\varphi_2 = \dfrac{-\lambda\theta}{4\pi\varepsilon_0}$ 所以 $\varphi = \varphi_1 + \varphi_2 = 0$

三、思考题

1～6. 答案略

单元3　静电场中的导体

一、填空题

1. $2:1, 1:2, 2:9$

2. $\dfrac{Q}{4\pi\varepsilon_0 R_1} - \dfrac{Q+q}{4\pi\varepsilon_0 R_2} + \dfrac{Q+q}{4\pi\varepsilon_0 R_3} + \dfrac{q}{4\pi\varepsilon_0 r}$

3. $\dfrac{Q_A}{\varepsilon_0 S}$ 提示：接地后，B 板电荷不再守恒。

4. $C_{实} = C_{空}$

二、计算题

1. **解** 设解图 2.2 中从上到下六个面的面电荷密度分别为 σ_1、σ_2、σ_3、σ_4、σ_5、σ_6.

由导体内部场强为 0，可知 $\sigma_2 = -\sigma_3$，$\sigma_4 = -\sigma_5$.

由导体 A 和 C 接地，而且无穷远电势也为零，可知

$$\sigma_1 = 0, \quad \sigma_6 = 0$$

解图 2.2

由电荷守恒：$\sigma_3 + \sigma_4 = 3 \times 10^{-6}$ C/S （设极板相对的面积为 S）

再由 $U_{BA} = U_{BC}$，得 $\sigma_3 = 2\sigma_4$，故

$$q_1 = 0, \quad q_2 = -2 \times 10^{-6} \text{ C}, \quad q_3 = 2 \times 10^{-6} \text{ C},$$
$$q_4 = 1 \times 10^{-6} \text{ C}, \quad q_5 = -1 \times 10^{-6} \text{ C}, \quad q_6 = 0$$

2. **解** 开始时，外球壳内表面带电 $-Q$，外表面带电 Q。外球壳接地后，外表面电量 Q 到大地。拆去接地导线后外球带电仍为 $-Q$，设内球带电 Q'，则球心处的电势

$$U = \frac{Q'}{4\pi\varepsilon_0 r_1} + \frac{-Q}{4\pi\varepsilon_0 r_2} = 0, \quad 故 Q' = \frac{r_1}{r_2}Q。$$

3. **解** 导体内部场强为零，即 $\dfrac{q}{4\pi\varepsilon_0 d^2} - \dfrac{\sigma}{\varepsilon_0} = 0$，故得 $\dfrac{q}{4\pi\varepsilon_0 d^2} = \dfrac{\sigma}{\varepsilon_0}$ 即 $\sigma = \dfrac{q}{4\pi d^2}$

4. **解** 球心处电场 $E = E_q + E_{q'} = \dfrac{q}{4\pi\varepsilon_0 r^2}e_r + E_{q'} = 0$，则 $E_{q'} = \dfrac{-q}{4\pi\varepsilon_0 r^2}e_r$

导体球是一个等势体，球心 O 处电势为 $\dfrac{q}{4\pi\varepsilon_0 r}$

若将金属球接地，设球上净电荷为 Q，由导体球电势为零，知：

$$\dfrac{q}{4\pi\varepsilon_0 r} + \dfrac{Q}{4\pi\varepsilon_0 R} = 0, \quad 则 \quad Q = -\dfrac{R}{r}q$$

三、思考题

1～2. 答案略

3. $\varphi_A > \varphi_B > \varphi_\infty$

单元 4　静电场中的电介质

一、填空题

1. $D_1 = 8.85 \times 10^{-8}$ C/m^2，$D_2 = 2.66 \times 10^{-7}$ C/m^2

2. 增大，增大

3. $CU\varepsilon_r$，$C\varepsilon_r$

4. W/ε_r，$\varepsilon_r W$

5. 自由电荷和束缚（极化）电荷

二、计算题

1. **解**　(1) 相当于两个电容器串联，总电容 $C = \dfrac{C_1 C_2}{C_1 + C_2} = \dfrac{\varepsilon_1 \varepsilon_2 S}{\varepsilon_1 d_2 + \varepsilon_2 d_1}$

(2) 介质分界面上极化电荷 $\sigma' = \mathbf{P}_1 \cdot \mathbf{e}_1 + \mathbf{P}_2 \cdot \mathbf{e}_2 = \varepsilon_0(\varepsilon_{r1}-1)\mathbf{E}_1 \cdot \mathbf{e}_1 + \varepsilon_0(\varepsilon_{r2}-1)\mathbf{E}_2 \cdot \mathbf{e}_2$（其中 e_1 和 e_2 分别代表介质表面的法线方向），$e_2 = -e_1$，而 $E_1 = \dfrac{\sigma_0}{\varepsilon_1}$，$E_2 = \dfrac{\sigma_0}{\varepsilon_2}$，因此 $\sigma' = \dfrac{\varepsilon_{r1} - \varepsilon_{r2}}{\varepsilon_{r1}\varepsilon_{r2}}\sigma_0 = \varepsilon_0 \dfrac{\varepsilon_1 - \varepsilon_2}{\varepsilon_1 \varepsilon_2}\sigma_0$

(3) 极板间电位差 $U = \dfrac{\sigma_0 d_1}{\varepsilon_1} + \dfrac{\sigma_0 d_2}{\varepsilon_2}$

2. **解**　设带电小球质量为 m，带电量为 q，若抽去电介质前的场强为 E，则抽去后 $E' = \dfrac{1+\varepsilon_r}{2}E$。

未抽去时，对小球有：$qE = mg$

抽去后，对小球有：$F_合 = qE' - mg$，$F_合 = ma$，$d = \dfrac{1}{2}at^2$

代入求得

$$a = \dfrac{\varepsilon_r - 1}{2}g, \quad t = 2\sqrt{\dfrac{d}{(\varepsilon_r - 1)g}}$$

3. **解**　(1) 由高斯定理得：$\oint_S \mathbf{D} \cdot d\mathbf{S} = q_0$，$4\pi r^2 D = 4\pi a^2 \sigma$，所以 $D = \dfrac{\sigma a^2}{r^2}$

则介质中 P 点场强为 $E = \dfrac{D}{\varepsilon_0 \varepsilon_r} = \dfrac{a^2 \sigma}{\varepsilon_0 \varepsilon_r r^2}$

同理：$E=\begin{cases} \dfrac{a^2\sigma}{\varepsilon_0 r^2}, & \text{其他区间} \\ 0, & 0<r<a \\ \dfrac{a^2\sigma}{\varepsilon_0\varepsilon_r r^2}, & b<r<c \end{cases}$

(2)
$$U=\int_a^\infty E\,dr=\int_a^b E_1\,dr+\int_b^c E_2\,dr+\int_c^\infty E_3\,dr=\dfrac{\sigma a^2}{\varepsilon_0}\left(\dfrac{1}{a}-\dfrac{1}{b}\right)+\dfrac{\sigma a^2}{\varepsilon_0\varepsilon_r}\left(\dfrac{1}{b}-\dfrac{1}{c}\right)+\dfrac{\sigma a^2}{\varepsilon_0 c}$$

4. 解 (1) 球壳电容 $C=\dfrac{4\pi\varepsilon_0 R_1 R_2}{R_2-R_1}=\dfrac{8\pi\varepsilon_0 r^2}{r}=8\pi\varepsilon_0 r$，$W=\dfrac{1}{2}CU^2=4\pi\varepsilon_0 rU^2$，$R_1$ 和 R_2 分别为球壳内外半径

(2) $\varepsilon_r=2$，电介质部分的半球电容 $C_1=8\pi\varepsilon_0 r$，空气部分的半球电容 $C_2=4\pi\varepsilon_0 r$，代入
$$W=\dfrac{1}{2}C_1 U^2+\dfrac{1}{2}C_2 U^2=6\pi\varepsilon_0 r U^2$$

(3) 由 $C_1=8\pi\varepsilon_0 r$，$C_2=4\pi\varepsilon_0 r$，得
$$Q=CU=8\pi\varepsilon_0 rU,\quad W=\dfrac{1}{2}Q^2/(C_1+C_2)=8\pi\varepsilon_0 rU^2/3$$

5. 解 (1) 带电半球面在界面上产生的场强只可能垂直于直径，所以小球面所对的圆截面 S 为一等势面。

(2) S 面上各点电势都等于球心电势
$$\varphi_{球心}=\dfrac{q_1}{4\pi\varepsilon_0 R_1}+\dfrac{q_2}{4\pi\varepsilon_0 R_2}=\dfrac{2\pi R_1^2\sigma_1}{4\pi\varepsilon_0 R_1}+\dfrac{2\pi R_2^2\sigma_2}{4\pi\varepsilon_0 R_2}=0$$

6. 解 (1) 设 $\varphi_b=0$，则 $\varphi_c=\dfrac{C_1}{C_1+C_2}\cdot V_{ab}=140$ V，$\varphi_d=\dfrac{C_3}{C_3+C_4}=70$ V，故 $V_{cd}=\varphi_c-\varphi_d=70$ V

(2) S 闭合，C_1、C_3 并联，C_2、C_4 并联，则 $V=105$ V

(3) 在没闭合之前，四块极板上电量都是
$$Q=C_1 U_1=3\ \mu\text{F}\cdot 140\ \text{V}=420\times 10^{-6}\ \text{C}$$
闭合后，$Q=C'U'=(3+6)\ \mu\text{F}\cdot 105\ \text{V}=945\times 10^{-6}$ C

$$Q'_{左上}=945\times 10^{-6}\ \text{C}\times\dfrac{1}{3}=315\ \mu\text{C}$$

$$Q'_{左下}=945\times 10^{-6}\ \text{C}\times\dfrac{2}{3}=630\ \mu\text{C}$$

同理：$Q'_{右上}=630\ \mu\text{C}$，$Q'_{右下}=315\ \mu\text{C}$
流过开关的电量为 $\Delta Q=315\ \mu\text{C}$，方向从 $c\sim d$。

三、思考题

1. 解 设极板面积为 S，两电介质内部的均匀电场分别为 E_1 和 E_2，则
$$\begin{cases} E_1 l_1+E_2 l_2=U \\ \dfrac{E_1}{\rho_1}=\dfrac{E_2}{\rho_2}\end{cases}\quad 解之，得 \begin{cases} E_1=\dfrac{\rho_1 U}{\rho_1 l_1+\rho_2 l_2} \\ E_2=\dfrac{\rho_2 U}{\rho_1 l_1+\rho_2 l_2}\end{cases}$$

跨过界面做解图 2.3 所示的高斯面：$\oint \boldsymbol{D} \cdot \mathrm{d}\boldsymbol{S} = \sigma_0 S$，即 $D_2 S - D_1 S = \sigma_0 S$，得

$$D_2 - D_1 = \sigma_0, \quad \varepsilon_2 E_2 - \varepsilon_1 E_1 = \sigma_0$$

得 $\sigma_0 = \dfrac{(\varepsilon_2 \rho_2 - \varepsilon_1 \rho_1) U}{\rho_1 l_1 + \rho_2 l_2}$

再由 $\oint \boldsymbol{E} \cdot \mathrm{d}\boldsymbol{S} = (\sigma_0 + \sigma') S / \varepsilon_0$，得 $E_2 - E_1 = (\sigma_0 + \sigma') / \varepsilon_0$

$$\sigma' = \dfrac{(\varepsilon_1 - \varepsilon_0) \rho_1 U - (\varepsilon_2 - \varepsilon_0) \rho_2 U}{\rho_1 l_1 + \rho_2 l_2}$$

解图 2.3

2. **解** 由高斯定理，球体内电场强度 E 为

$$E = \dfrac{\rho r}{3 \varepsilon_0 \varepsilon_r}$$

$-q$ 在沿直径的洞中受到静电力，静电力和电荷偏离球心的距离满足正比反向的关系，所以作以球心为谐振中心的简谐振动，振动周期为：$T = \dfrac{2\pi}{\omega} = 2\pi \sqrt{\dfrac{3\varepsilon_0 m}{\rho q}}$，其中 $\omega = \sqrt{\dfrac{k}{m}}$，$F = -kx$。

3. **解** (1) 设极板上分别带电量 $+q$ 和 $-q$；金属板与 A 板距离为 d_1，与 B 板距离为 d_2；金属板与 A 板间场强为

$$E_1 = q/(\varepsilon_0 S)$$

金属板与 B 板间场强为 $E_2 = q/(\varepsilon_0 S)$。

金属板内部场强为 $E' = 0$，则两极板间的电势差为

$$U_A - U_B = E_1 d_1 + E_2 d_2 = [q/(\varepsilon_0 S)](d_1 + d_2) = [q/(\varepsilon_0 S)](d - t)$$

由此得 $C = q/(U_A - U_B) = \varepsilon_0 S/(d - t)$

(2) 因 C 值仅与 d、t 有关，与 d_1、d_2 无关，故金属板的位置对电容无影响。

(3) 若是电介质，

$$E = \dfrac{D}{\varepsilon_0 \varepsilon_r} = \dfrac{Q}{\varepsilon_0 \varepsilon_r S}, \quad E_0 = \dfrac{D}{\varepsilon_0} = \dfrac{Q}{\varepsilon_0 S}$$

$$U = E_0(d - t) + Et = \dfrac{Q}{\varepsilon_0 S}(d - t) + \dfrac{Q}{\varepsilon_0 \varepsilon_r S} t, \quad C = \dfrac{Q}{U} = \dfrac{\varepsilon_0 \varepsilon_r S}{\varepsilon_r (d - t) + t}$$

因 C 值仅与 d、t 有关，与 d_1、d_2 无关，故电介质的位置对电容也无影响。

单元 5 恒定电流

一、填空题

1. 1, 1
2. 3×10^{-7} N；0；3×10^{-7} N
3. $E_1 = \dfrac{I}{\sigma_1 S}$，$E_2 = \dfrac{I}{\sigma_2 S}$，$\sigma_e = \left(\dfrac{\varepsilon_2}{\sigma_2} - \dfrac{\varepsilon_1}{\sigma_1}\right) \dfrac{I}{S}$
4. $\varepsilon + IR$
5. $\varepsilon_2 - \varepsilon_1 + I_2 R_2 - I_1 R_1$

二、计算题

1. 0.29 A,0.24 W

2. **解** 假设电荷 Q 均匀分布在与大地相接的半个球面。

思路 1：设漏电流为 I,则电流密度 $j=I/2\pi r^2=E/\rho$,所以 $E=\rho I/2\pi r^2$,电势
$$V=\int_a^\infty \boldsymbol{E}\cdot\mathrm{d}\boldsymbol{r}=\rho I/2\pi a,$$ 则电阻 $R=V/I=\rho/2\pi a$。

思路 2：由电阻定义 $R=\int_a^\infty \rho\dfrac{\mathrm{d}r}{2\pi r^2}=\rho/2\pi a$

3. **解** 由电阻定义 $R=\int_{r_1}^{r_2}\rho\dfrac{\mathrm{d}r}{4\pi r^2}=\dfrac{\rho}{4\pi}\left(\dfrac{1}{r_1}-\dfrac{1}{r_2}\right)$

三、思考题

1～2. 答案略

单元 6 磁场的源

一、填空题

1. 第 1,3 象限

2. 不变,增大

3. **解** 如解图 2.4 所示,任意取面 S 和圆平面 S_1 组成封闭曲面。由磁场的高斯定理：
$$\oiint_S \boldsymbol{B}\cdot\mathrm{d}\boldsymbol{S}=\iint_S \boldsymbol{B}\cdot\mathrm{d}\boldsymbol{S}+\iint_{S_1}\boldsymbol{B}\cdot\mathrm{d}\boldsymbol{S}=0$$

得任意曲面 S 的磁通量：
$$\Phi_\mathrm{m}=\iint_S \boldsymbol{B}\cdot\mathrm{d}\boldsymbol{S}=-\iint_{S_1}\boldsymbol{B}\cdot\mathrm{d}\boldsymbol{S}$$
$$=-B\pi R^2\cos 60°=-\dfrac{1}{2}B\pi R^2$$

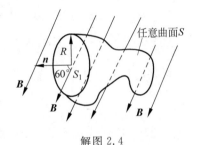

解图 2.4

4. 6.67×10^{-7} T,7.20×10^{-7} A·m²

5. $8\sqrt{2}/\pi^2$

6. $\dfrac{\mu_0 ih}{2\pi R}$

7. 3×10^{-6} N/cm,0,3×10^{-6} N/cm

二、计算题

1. **解** 如解图 2.5 所示,在线圈内距长直导线 x 处矩形面积元 $\mathrm{d}S=a\mathrm{d}x$,通过该面元的磁通量为
$$\mathrm{d}\Phi=B\mathrm{d}S=\dfrac{\mu_0 I}{2\pi x}a\mathrm{d}x$$

通过线框的总磁通量大小为
$$\Phi=\int\mathrm{d}\Phi=\int_b^{2b}\dfrac{\mu_0 Ia}{2x\pi}\mathrm{d}x=\dfrac{\mu_0 Ia}{2\pi}\ln 2$$

2. **解** 建立如解图 2.6 所示坐标系,j 沿 z 轴方向,平板在 yz 平面内,取宽度为 $\mathrm{d}y$ 的

长直电流：$dI = jdy$，它在 P 点产生的磁感应强度大小为

$$dB = \frac{\mu_0 dI}{2\pi r} = \frac{\mu_0 j dy}{2\pi r}$$

方向如解图 2.6 所示。

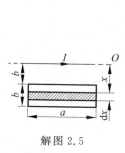

解图 2.5

解图 2.6

将 $d\boldsymbol{B}$ 分解为 dB_x 和 dB_y，由对称性可知

$$B_x = \int dB_x = 0$$

$$dB_y = dB\cos\theta = \frac{\mu_0 j dy}{2\pi r}\cos\theta$$

又 $r = (x^2 + y^2)^{1/2}$，$\cos\theta = \dfrac{x}{r} = \dfrac{x}{(x^2 + y^2)^{\frac{1}{2}}}$ 代入上式并积分，则

板外的任意一点的磁感应强度

$$B = \int dB_y = \frac{\mu_0 j x}{2\pi}\int_{-\infty}^{\infty}\frac{dy}{y^2 + x^2} = \frac{1}{2}\mu_0 j$$

3. 解 如解图 2.7 所示，应用安培环路定理和磁场叠加原理可得磁场分布为

$$B = \frac{\mu_0 I}{2\pi x} + \frac{\mu_0 I}{2\pi(3a - x)}, \quad \frac{a}{2} \leqslant x \leqslant \frac{5}{2}a$$

$\boldsymbol{B}$ 的方向垂直 x 轴及纸面向里。

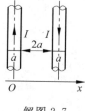

解图 2.7

解图 2.8

4. 解 如解图 2.8 所示，载流导线 MN 上任一点处的磁感应强度大小为

$$B = \frac{\mu_0 I_1}{2\pi(r + x)} - \frac{\mu_0 I_2}{2\pi(2r - x)}$$

MN 上电流元 $I_3 dx$ 所受磁力：$dF = I_3 B dx = I_3\left[\dfrac{\mu_0 I_1}{2\pi(r+x)} - \dfrac{\mu_0 I_1}{2\pi(2r-x)}\right]dx$

$$F = I_3\int_0^r\left[\frac{\mu_0 I_1}{2\pi(r+x)} - \frac{\mu_0 I_2}{2\pi(2r-x)}\right]dx = \frac{\mu_0 I_3}{2\pi}\left[\int_0^r\frac{I_1}{r+x}dx - \int_0^r\frac{I_2}{2r-x}dx\right]$$

$$\int_0^r \frac{I_2}{2r-x}dx = \frac{\mu_0 I_3}{2\pi}\left[I_1\ln\frac{2r}{r} + I_2\ln\frac{r}{2r}\right] = \frac{\mu_0 I_3}{2\pi}[I_1\ln2 - I_2\ln2] = \frac{\mu_0 I_3}{2\pi}(I_1-I_2)\ln2$$

若 $I_2 > I_1$,则 **F** 的方向向下,$I_2 < I_1$,则 **F** 的方向向上。

5. **解** 利用安培环路定理求解导线内部距轴线为 r 处的磁感应强度。

$$\oint_L \boldsymbol{B}\cdot d\boldsymbol{l} = \mu_0\sum I$$

$$B = \frac{\mu_0 Ir}{2\pi R^2}$$

在 S 上取一宽度为 dr、长为 1、距轴线的距离为 r 的窄条,如解图 2.9 所示,通过该窄条的磁通量为 $d\Phi = \boldsymbol{B}\cdot d\boldsymbol{S} = \frac{\mu_0 Ir}{2\pi R^2}\cdot dr$

通过 S 的总磁通为 $\Phi = \int d\Phi = \int_0^R \frac{\mu_0 Ir}{2\pi R^2}\cdot dr = \frac{\mu_0 I}{4\pi}$

三、思考题

1. 如解图 2.10 所示。

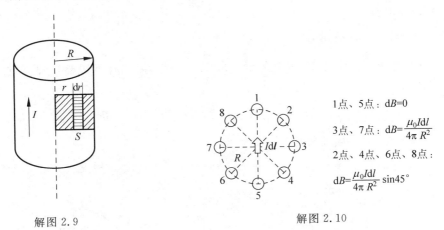

解图 2.9　　　　　　解图 2.10

2. 合成磁场在与纸面垂直向外方向及竖直向下方向之间,与竖直向下方向成 $45°$。

3. 圆电流在其环绕的平面内,产生的磁场是不均匀的。中心磁场弱,边缘磁场强。

单元 7　磁力

一、填空题

1. $\dfrac{f_m}{qv\sin\alpha}$

运动电荷速度矢量与该点磁感强度矢量所组成的平面。

2. 1.42×10^{-9} s

3. $1/2$

4. 提示 $h = v_{//}T = \dfrac{2\pi m}{qB}v\cos\theta$

$\dfrac{mv\sin\varphi}{qB}, \dfrac{2\pi mv\cos\varphi}{qB}$

5. $N\pi R^2 IB$,竖直向上

二、计算题

1. 解 由粒子的回旋频率公式,可得

$$B = \frac{2\pi m f}{q} = \frac{2\pi \times 3.3 \times 10^{-27} \times 12 \times 10^6}{1.6 \times 10^{-19}} \text{ T} = 1.56 \text{ T}$$

$$E_k = \frac{q^2 B^2 R_0^2}{2m} = 16.7 \text{ MeV}$$

$$v = \frac{qBR_0}{m} = 4.02 \times 10^7 \text{ m} \cdot \text{s}^{-1}$$

2. 解 如解图 2.11 所示,长直导线 AC 和 BD 受力大小相等,方向相反且在同一直线上,故合力为零。现计算半圆部分受力,取电流元 Idl,

$$d\boldsymbol{F} = Id\boldsymbol{l} \times \boldsymbol{B}, \quad 即 \quad dF = IRBd\theta$$

由于对称性

$$\sum dF_x = 0$$

故 $F = F_y = \int dF_y = \int_0^\pi IRB\sin\theta d\theta = 2RIB$

方向沿 y 轴正向。

3. 解 如解图 2.12 所示,

(1) 在均匀磁场中,弦线 $\overline{AB}$ 所受的磁力与弧线 $\overset{\frown}{AB}$ 通一同样的电流所受的磁力相等。由安培定律得:

$$F_{\overset{\frown}{AB}} = F_{\overline{AB}} = \sqrt{2}RIB = \sqrt{2} \times 0.2 \times 2 \times 0.5 = 0.283 \text{(N)}$$

方向与 $\overset{\frown}{AB}$ 弧线垂直,与 OB 夹角为 $45°$,如解图 2.12 所示。

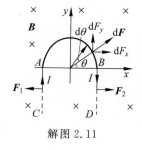

解图 2.11

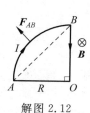

解图 2.12

(2) 线圈的磁矩:

$$\boldsymbol{P}_m = IS\boldsymbol{n} = 2 \times \frac{1}{4}\pi \times 0.2^2 \boldsymbol{n} = 2\pi \times 10^{-2} \boldsymbol{n}$$

$\boldsymbol{n}$ 与 $\boldsymbol{B}$ 夹角为 $(90°-60°)=30°$,所受磁力矩大小为

$$M = P_m B\sin 30° = 2\pi \times 10^{-2} \times 0.5 \times \frac{1}{2} = 1.57 \times 10^{-2} \text{(N} \cdot \text{m)}$$

$\boldsymbol{M}$ 的方向将驱使线圈法线 $\boldsymbol{n}$ 转向与 $\boldsymbol{B}$ 平行。

4. 解 小球受洛伦兹力作用如解图 2.13 所示

$$f = quB$$

$$f = ma, \quad a = \frac{f}{m}$$

$$v^2 = 2ah = \frac{2fh}{m} = \frac{2quBh}{m}$$

相对于磁场的合速度

$$v_{总}^2 = v^2 + u^2$$

$$R = \frac{mv_{总}}{qB} = \frac{mu}{qB}\sqrt{1+\frac{2qBh}{mu}}$$

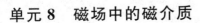

解图 2.13

三、思考题

1~3. 答案略

4. $-x$

单元 8 磁场中的磁介质

一、填空题

1. -8.88×10^{-6},抗

2. $\dfrac{I}{2\pi r}$, $\dfrac{\mu I}{2\pi r}$

二、计算题

1. 解 $H = nI = NI/l = 200$ A/m

$B = \mu H = \mu_0\mu_r H = 1.06$ T

2. 解 （1）在环内作半径为 r 的圆形回路,由安培环路定理得

$$B\cdot 2\pi r = \mu NI, \quad B = \mu NI/(2\pi r)$$

在 r 处取微小截面 $\mathrm{d}S = b\mathrm{d}r$,通过此小截面的磁通量

$$\mathrm{d}\Phi = B\mathrm{d}S = \frac{\mu NI}{2\pi r}b\,\mathrm{d}r$$

穿过截面的磁通量

$$\Phi = \int_S B\mathrm{d}S = \int_S \frac{\mu NI}{2\pi r}b\,\mathrm{d}r = \frac{\mu NIb}{2\pi}\ln\frac{R_2}{R_1}$$

（2）同样在环外($r<R_1$ 和 $r>R_2$)作圆形回路,由于 $\sum I_i = 0$

$$B\cdot 2\pi r = 0$$

故 $B = 0$

单元 9 电磁感应

一、填空题

1. $2v/\omega$

2. (1) Oa 段电动势方向由 a 指向 O。

(2) $-\dfrac{1}{2}B\omega L^2$, 0, $-\dfrac{1}{2}\omega Bd(2L-d)$

3. $-\dfrac{\mu_0 Ig}{2\pi}t\ln\dfrac{a+l}{a}$

4. 垂直纸面向里,垂直 OP 连线向下

5. 0

6. $\dfrac{\mu_0 I v}{2\pi}\ln\dfrac{a+b}{a-b}$

7. 3.18 T/s

8. 0

9. 参考解：

$$w = \dfrac{1}{2}B^2/\mu_0, \quad B = \mu_0 nI$$

$$W_1 = \dfrac{B^2 V}{2\mu_0} = \dfrac{\mu_0^2 n^2 I^2 l}{2\mu_0}\pi\left(\dfrac{d_1^2}{4}\right), \quad W_2 = \dfrac{1}{2}\mu_0 n^2 I^2 l\pi(d_2^2/4)$$

$$W_1 : W_2 = d_1^2 : d_2^2 = 1 : 16$$

二、计算题

1. **解** (1) $\Phi(t) = \displaystyle\int \boldsymbol{B}\cdot\mathrm{d}\boldsymbol{S} = \int_{a+vt}^{b+vt}\dfrac{\mu_0 I}{2\pi r}l\,\mathrm{d}r = \dfrac{\mu_0 Il}{2\pi}\ln\dfrac{b+vt}{a+vt}$

(2) $E = -\left.\dfrac{\mathrm{d}\Phi}{\mathrm{d}t}\right|_{t=0} = \dfrac{\mu_0 Ilv(b-a)}{2\pi ab}$

2. **解** (1) AB 中的感应电动势为动生电动势，如解图 2.14 所示，$\mathrm{d}l$ 所在处的磁感应强度为 $B = \mu_0 I/(2\pi r)$

解图 2.14

$\mathrm{d}l$ 与 $\mathrm{d}r$ 的关系为 $\mathrm{d}l = \mathrm{d}r/\sin\theta$，令 $b = a + L\sin\theta$，AB 中的感应电动势为

$$E = \int (\boldsymbol{v}\times\boldsymbol{B})\cdot\mathrm{d}\boldsymbol{l} = \int_L v\dfrac{\mu_0 I}{2\pi r}\cos\theta\,\mathrm{d}l = \int_a^b \dfrac{\mu_0 Iv}{2\pi r}\cos\theta\dfrac{\mathrm{d}r}{\sin\theta}$$

$$= \dfrac{\mu_0 Iv}{2\pi}\cot\theta\ln\dfrac{L\sin\theta + a}{a} = 2.79\times 10^{-4}\ \mathrm{V}$$

(2) B 端电势高。

3. **解** 如解图 2.15 所示，动生电动势 $E_l = vBl\cos\theta$

导线受到的安培力 $f_\mathrm{m} = IBl$

ab 导线下滑达到稳定速度时重力和磁力在导轨方向的分力相平衡

$$mg\sin\theta = f_\mathrm{m}\cos\theta$$

$$mg\sin\theta = \dfrac{vBl\cos\theta}{R}lB\cos\theta$$

所以 $v = \dfrac{mgR\sin\theta}{B^2 l^2\cos^2\theta}$

4. **解** 如解图 2.16 所示，取回路正向顺时针，则

$$\Phi = \int B2\pi r\,\mathrm{d}r = \int_0^a B_0 2\pi r^2\sin\omega t\,\mathrm{d}r$$

$$= (2\pi/3)B_0 a^3\sin\omega t$$

$$E_i = -d\Phi/dt = -(2\pi/3)B_0 a^3 \omega\cos\omega t$$

当 $E_i > 0$ 时，电动势沿顺时针方向。

解图 2.15   解图 2.16

5. **解** (1) 如解图 2.17 所示，导线 ab 中的动生电动势 $E_i = Blv$，不计导线电阻时，a、b 两点间电势差

$$U_a - U_b = E_i = Blv$$

故

$$I_1 = (U_a - U_b)/R_1 = Blv/R_1$$

由 M 流向 M'。

$$I_2 = (U_a - U_b)/R_2 = Blv/R_2$$

由 N 流向 N'。

(2) 外力提供的功率等于两电阻上消耗的焦耳热功率，

$$P = R_1 I_1^2 + R_2 I_2^2 = B^2 l^2 v^2 (R_1 + R_2)/(R_1 R_2)$$

故

$$B^2 l^2 v^2 (R_1 + R_2)/(R_1 R_2) \leqslant P_0$$

最大速率

$$v_m = \frac{1}{Bl}\sqrt{\frac{R_1 R_2 P_0}{R_1 + R_2}}$$

6. **解** 由题意，大线圈中的电流 I 在小线圈回路处产生的磁场可视为均匀的。

$$B = \frac{\mu_0}{4\pi}\frac{2\pi I R^2}{(R^2 + x^2)^{3/2}} = \frac{\mu_0 I R^2}{2(R^2 + x^2)^{3/2}}$$

故穿过小回路的磁通量为

$$\Phi = \boldsymbol{B}\cdot\boldsymbol{S} = \frac{\mu_0}{2}\frac{I R^2}{(R^2 + x^2)^{3/2}}\pi r^2 \approx \frac{\mu_0 \pi r^2 R I^2}{2x^3}$$

由于小线圈的运动，小线圈中的感应电动势为

$$E_i = \left|\frac{d\Phi}{dt}\right| = \frac{3\mu_0 \pi r^2 I R^2}{2x^4}\left|\frac{dx}{dt}\right| = \frac{3\mu_0 \pi r^2 R^2 I}{2x^4}v$$

当 $x = NR$ 时，小线圈回路中的感应电动势为

$$E_i = 3\mu_0 \pi r^2 I v/(2N^4 R^2)$$

7. **解**

$$w_m = \frac{1}{2}BH = \frac{1}{2}\mu H^2$$

$$H = nI$$

所以

$$w_m = \frac{1}{2}\mu(nI)^2$$

得

$$I = \frac{1}{n}\sqrt{\frac{2w_m}{\mu}} = \frac{1}{n}\sqrt{\frac{2w_m}{\mu_0}} = 1.26\times 10^4 \text{ A}$$

三、思考题

1. (D)

2. $E_i = 0$, $U_a - U_c = -\frac{1}{2}B\omega l^2$

3. $\dfrac{\mu_0 I r^2}{2aR}$

4. 大小：$E = |\mathrm{d}\Phi/\mathrm{d}t| = S\mathrm{d}B/\mathrm{d}t$

$$E = S\mathrm{d}B/\mathrm{d}t = \left(\frac{1}{2}R^2\theta - \frac{1}{2}\overline{Oa}^2 \cdot \sin\theta\right)\mathrm{d}B/\mathrm{d}t$$
$$= 3.68 \text{ mV}$$

方向：沿 $adcb$ 绕向。

5. $E_2 > E_1$

6. 扳断电路时，电流从最大值骤然降为零，$\mathrm{d}I/\mathrm{d}t$ 很大，自感电动势就很大，在开关触头之间产生高电压，击穿空气发生火花。

若加上电感大的线圈，自感电动势就更大，所以扳断开关时，火花也更厉害。

7. 此能量是电源反抗自感电动势做功而转化来的。如果移去电源，但保持电路接通，磁能就会以热的形式放出（不考虑辐射的能量）。

8. $\dfrac{1}{2\mu_0}\left(\dfrac{\mu_0 I}{\pi a}\right)^2$

单元 10 麦克斯韦方程组

一、填空题

1.
$$\oint_S \boldsymbol{D} \cdot \mathrm{d}\boldsymbol{S} = \int_V \rho \mathrm{d}V$$
$$\oint_L \boldsymbol{E} \cdot \mathrm{d}\boldsymbol{l} = -\int_S \frac{\partial \boldsymbol{B}}{\partial t} \cdot \mathrm{d}\boldsymbol{S}$$
$$\oint_S \boldsymbol{B} \cdot \mathrm{d}\boldsymbol{S} = 0$$
$$\oint_L \boldsymbol{H} \cdot \mathrm{d}\boldsymbol{l} = \int_S \left(\boldsymbol{J} + \frac{\partial \boldsymbol{D}}{\partial t}\right) \cdot \mathrm{d}\boldsymbol{S}$$

2. ②，③，①

3. $\varepsilon_0 \pi R^2 \mathrm{d}E/\mathrm{d}t$

4. $\iint_S \dfrac{\partial \boldsymbol{D}}{\partial t} \cdot \mathrm{d}\boldsymbol{S}$ 或 $\mathrm{d}\Phi_D/\mathrm{d}t$

$-\iint_S \dfrac{\partial \boldsymbol{B}}{\partial t} \cdot \mathrm{d}\boldsymbol{S}$ 或 $-\mathrm{d}\Phi_m/\mathrm{d}t$

二、计算题

1. **解** (1) $U = \dfrac{q}{C} = \dfrac{1}{C}\int_0^t i\mathrm{d}t = -\dfrac{1}{C} \times 0.2\mathrm{e}^{-t}\Big|_0^t = \dfrac{0.2}{C}(1-\mathrm{e}^{-t})$

(2) 由全电流的连续性，得 $I_d = i = 0.2\mathrm{e}^{-t}$

2. **解** 设坐标如解图 2.18 所示，$\phi=\omega t$。t 时刻点电荷 q 在圆心处产生的电位移为

$$\boldsymbol{D}=\frac{q}{4\pi R^2}(-\boldsymbol{r}_0)=-\frac{q}{4\pi R^2}(\cos\varphi\boldsymbol{i}+\sin\varphi\boldsymbol{j})$$

故

$$\boldsymbol{D}=-\frac{q}{4\pi R^2}(\cos\omega t\boldsymbol{i}+\sin\omega t\boldsymbol{j})$$

圆心处的位移电流密度为

$$\boldsymbol{J}=\partial\boldsymbol{D}/\partial t=\frac{q\omega}{4\pi R^2}(\sin\omega t\boldsymbol{i}-\cos\omega t\boldsymbol{j})$$

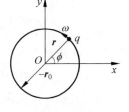

解图 2.18

三、思考题

1. 此式说明，磁场强度 H 沿闭合环路 L 的环流，由回路 L 所包围的传导电流、运流电流和位移电流的代数和决定。这是全电流定律的数学表示，它的物理意义是：不仅传导电流、运流电流可激发磁场，位移电流（即变化的电场）也同样可在其周围空间激发磁场。

2. 运动，运动方向如解图 2.19 所示。

由 $-\mathrm{d}\Phi/\mathrm{d}t=\oint\boldsymbol{E}\cdot\mathrm{d}\boldsymbol{l}$ 可知，当电流减小时，变化磁场激发的涡旋电场方向是顺时针的，又考虑到电子带负电，电子开始运动的方向如图中 $\boldsymbol{v}$ 的方向。

解图 2.19

3. （1）因为平板电容器的电荷不变，当两板间距改变时电场强度不变，故无位移电流。

（2）电容改变而电源所加电压不变，所以电容器上的电荷必定改变，极板间电位移也必定改变，由位移电流定义 $I_\mathrm{d}=\mathrm{d}\Phi_\mathrm{D}/\mathrm{d}t$ 可知存在位移电流。

第三部分 热 学

单元 1 分子运动论

一、填空题

1. $100R$，$40R$，$140R$
2. 相同，不一定相同
3. $7kT/2$，$7RT/2$
4. 5，$2.5R$，$3.5R$
5. $A=B$
6. 氧，氢；低
7. 不变
8. 0.5，2
9. 速率小于 v_p 分子的平均平动动能之和，$\dfrac{\int_0^{v_\mathrm{p}}\frac{1}{2}mv^2f(v)\mathrm{d}v}{\int_0^{v_\mathrm{p}}f(v)\mathrm{d}v}$

10. （1）$2mv$；

(2) $nv/6$；

(3) $nmv^2/3$ $\left(\mathrm{d}I=2mv\cdot\dfrac{nv}{6}\cdot\mathrm{d}A\mathrm{d}t,\text{且 }\mathrm{d}I=P\mathrm{d}A\mathrm{d}t\right)$

二、计算题

1．（1）单位体积内的分子数为 $2.45\times10^{25}/\mathrm{m}^3$；

（2）一个分子的质量为 4.81×10^{-26} kg；$\left(\text{注：}p=\dfrac{\rho}{\mu}RT,\text{空气的摩尔质量为 29 g/mol}\right)$

（3）密度为 $1.18\ \mathrm{kg/m^3}$；（注：$\rho=mn$）

（4）方均根速率为 5.08×10^2 m/s；

（5）分子的平均平动动能为 6.21×10^{-21} J。

2．（1）$a=2/(3v_0)$；

（2）$v_0\sim 2v_0$ 之间的粒子数为 $2N/3$；

（3）粒子的平均速率为 $\bar{v}=3v_0/2$。

3．（1）单位体积内的分子数为 $3.21\times10^{17}/\mathrm{m}^3$；

（2）平均自由程为 10^{-2} m；

$\left(\text{因为 }\bar\lambda=\dfrac{kT}{\sqrt{2}\pi d^2 p}=\dfrac{1.38\times10^{-23}\times300}{\sqrt{2}\pi(3\times10^{-10})^2\times1.33\times10^{-3}}=7.79(\mathrm{m})>10^{-2}(\mathrm{m})\right)$

（3）平均碰撞频率 $4.68\times10^4/\mathrm{s}$。$\left(\text{利用 }\bar Z=\dfrac{\bar v}{\bar\lambda}=\dfrac{\sqrt{\dfrac{8RT}{\pi\mu}}}{10^{-2}}\right)$

4．**解** （1）$\bar\lambda=\dfrac{kT}{\sqrt{2}\pi d^2 p}\propto\dfrac{1}{p}$；$\bar Z=\dfrac{\bar v}{\bar\lambda}=\sqrt{\dfrac{8RT}{\pi\mu}}\bigg/\dfrac{kT}{\sqrt{2}\pi d^2 p}\propto p$

（2）$\bar\lambda=\dfrac{kT}{\sqrt{2}\pi d^2 p}\propto T$；$\bar Z=\dfrac{\bar v}{\bar\lambda}=\sqrt{\dfrac{8RT}{\pi\mu}}\bigg/\dfrac{kT}{\sqrt{2}\pi d^2 p}\propto\dfrac{1}{\sqrt{T}}$

（3）$\bar\lambda=\dfrac{kT}{\sqrt{2}\pi d^2 p}=\dfrac{kV}{\sqrt{2}\pi d^2\nu R}$ 不变；$\bar Z=\dfrac{\bar v}{\bar\lambda}=\sqrt{\dfrac{8RT}{\pi\mu}}\bigg/\dfrac{kT}{\sqrt{2}\pi d^2 p}\propto\sqrt{T}$

5．**解** 设气体分子的质量为 m，则离开转轴 r 处的气体分子将受力
$F=m\dfrac{v^2}{r}=m\omega^2 r$，且可以把这个力看成是有势场。根据力与势能的关系

$$F=-\dfrac{\mathrm{d}E_\mathrm{p}}{\mathrm{d}r}$$

则 $E_\mathrm{p}=\int_0^r -F\mathrm{d}r=\int_0^r -m\omega^2 r\mathrm{d}r=-\dfrac{1}{2}m\omega^2 r^2$

这相当于具有势能 $-\dfrac{1}{2}m\omega^2 r^2$ 的外力场，气体分子密度在这个外力场中，遵循玻尔兹曼分布率，即

$$n(r)=n_0\mathrm{e}^{-E_\mathrm{p}/kT}=n_0\mathrm{e}^{-m\omega^2 r^2/2kT}$$

下面来确定常数 n_0，取圆柱体内半径从 $r\rightarrow r+\mathrm{d}r$ 的体积 $\mathrm{d}V=2\pi rL\mathrm{d}r$。在这个体积内的分子数 $n(r)\mathrm{d}V$。所以，整个柱体内的分子数为

$$N=\int_0^R 2\pi rLn(r)\mathrm{d}r=\int_0^R 2\pi rLn_0\mathrm{e}^{-m\omega^2 r^2/2kT}\mathrm{d}r=\dfrac{2\pi n_0 LkT}{m\omega^2}(\mathrm{e}^{-m\omega^2 r^2/2kT}-1)$$

由上式可以解出 $n_0 = \dfrac{Nm\omega^2}{2\pi LkT(e^{-m\omega^2 r^2/2kT}-1)}$

所以 $n(r) = \dfrac{Nm\omega^2}{2\pi LkT(e^{-m\omega^2 r^2/2kT}-1)} e^{-m\omega^2 r^2/2kT}$

三、思考题

1. 物体为什么能被压缩，但又不能无限压缩？

物体是由分子、原子组成的。物体之所以能被压缩，是因为分子之间有间隙，不能被无限压缩，是因为分子之间有斥力，而分子的大小是不变的。

2. 布朗运动是不是分子的运动？为什么说布朗运动是分子热运动的反映？

不是。悬浮微粒不停地作无规则运动的现象叫做布朗运动，为什么悬浮微粒会不停地作无规则运动呢？是因为微粒四面八方的分子在不停地作无规则运动，而分子不断地随机碰撞悬浮微粒，使得悬浮微粒也在不停地作无规则运动。因此，可以说布朗运动是分子运动的反映，或者说布朗运动是分子运动存在的证据，但是说布朗运动就是分子运动那是不对的。它仅仅是分子热运动的一种表现。

3. 气体分子热运动的速率通常是很大的，但气体从一个地方扩散到另一个地方是很快还是很慢呢，为什么？

气体分子热运动速率和能量分布有关。根据热力学第一定律，一般能量的转移总是从一个分子转移到另一个分子，从一个自由度转移到另一个自由度，气体分子热运动的速率大只说明其具有的动能大，并不能说明其转移的快慢。因为气体的扩散速率与气体的密度成反比，即气体密度越小，扩散速率越大。

4. 气体理论中的平均速率与力学中的平均速率有何不同？

气体理论中的平均速率是各点速度的平均值，可以用来描述整体速度状态；

力学中的平均速率是物体通过路程与它通过这段路程所用时间的比值，它是用来描述物体在时间间隔 Δt 内的平均快慢程度。

单元 2 热力学第一定律

一、填空题

1. 放热；吸热

2. 增大；不变

3. 125℃；31.4%

4. (1) $RT_0 \ln 2$；(2) $0.63RT_0$

提示：如解图 3.1 所示，依据 $p_A V_A = RT_0 \Rightarrow p_A$

$p_B V_B = RT_0 \Rightarrow p_B = p_C$

$\dfrac{P_A^{r-1}}{T_A^r} = \dfrac{P_C^{r-1}}{T_C^r} \Rightarrow T_C$

所以 $Q_{AC} + Q_{CB} = 0 + Q_{CB} = C_{p,m}(T_B - T_C)$

5. 571 K

6. $Q = \Delta E + A = C_{V,m} \Delta T + \dfrac{1}{2}(P_2 - P_1)(V_2 - V_1) + P_1(V_2 - V_1)$

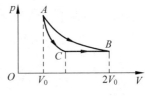

解图 3.1

$$= \frac{3}{2}R(T_2 - T_1) + \frac{1}{2}(P_2 + P_1)(V_2 - V_1)$$

二、计算题

1. 解 （1）设等温线与绝热线在 p-V 图上的 (p_0, V_0) 点相交,则等温线的方程为 $pV = p_0 V_0$,其斜率为 $k_T = \left(\dfrac{\mathrm{d}p}{\mathrm{d}V}\right)_{V_0} = -\dfrac{p_0}{V_0}$

绝热线的方程为 $pV^\gamma = p_0 V_0^\gamma$,其斜率为 $k_a = \left(\dfrac{\mathrm{d}p}{\mathrm{d}V}\right)_{V_0} = -\gamma \dfrac{p_0}{V_0}$

由题意可知：$\dfrac{k_T}{k_a} = \dfrac{-\dfrac{p_0}{V_0}}{-\gamma \dfrac{p_0}{V_0}} = \dfrac{1}{\gamma} = 0.714$

所以,$\gamma = \dfrac{1}{0.714} = 1.4$,又 $\gamma = \dfrac{C_p}{C_V} = \dfrac{C_V + R}{C_V} = 1.4$

即定容摩尔热容为 $C_V = \dfrac{R}{\gamma - 1} = \dfrac{8.31}{1.4 - 1} = 20.8 (\mathrm{J \cdot mol^{-1} \cdot K^{-1}})$

（2）因为气体经等压膨胀,所以 $V_1/V_2 = T_1/T_2 = 1/2$,且 $T_1 = 300$ K,因此可得 $T_2 = 600$ K,其内能增量 $\Delta E = E_2 - E_1 = C_v \Delta T = 6\,240$ J

气体对外界做功 $A = C_p \Delta T - C_V \Delta T = C_V \Delta T \left(\dfrac{C_p}{C_V} - 1\right) = 20.8 \times 300 \times (1.4 - 1) = 2\,496$ J

2. 解

路径	ΔV	Δp	ΔT	A	Q	ΔU
AB	+	0	+	+	+	+
BC	+	−	−	+	0	−
CD	0	+	+	0	+	+
DA	−	+	0	−	−	0

3. 解 $T_a = \dfrac{p_a V_a}{R} = \dfrac{p_0 V_0}{R} = T_0$, $T_c = \dfrac{4 p_0 V_0}{R} = 4 T_0$, $\gamma = \dfrac{C_p}{C_V} = 1.4$

因为 bc 是绝热过程,则 $p_b V_b^\gamma = p_c V_c^\gamma \Rightarrow p_b = 2^{1.4} p_0$

$$p_b V_b = R T_b \Rightarrow T_b = \dfrac{2^{1.4} p_0 \cdot 2 V_0}{R} = \dfrac{2^{2.4} p_0 V_0}{R}$$

（1）每段过程对外所做的功：$A_{ab} = \dfrac{1}{2}(p_a + p_b)(V_b - V_a) = 1.82 p_0 V_0$

$$A_{bc} = \int p \mathrm{d}V = \int_{V_b}^{V_c} \dfrac{p_c V_c^\gamma}{V^\gamma} \mathrm{d}V = 3.18 p_0 V_0$$

$$A_{ca} = -3 p_0 V_0$$

（2）每个过程所吸收的热量：$Q_{ab} = \Delta E_{ab} + A_{ab} = \dfrac{5}{2} R (T_b - T_a) + 1.82 p_0 V_0 = 12.52 p_0 V_0$

$$Q_{bc} = 0$$

$$Q_{ca} = \nu C_{p,m}(T_a - T_c) = -10.5 p_0 V_0$$

(3) 循环过程的效率：$\eta = 1 - \dfrac{Q_{ca}}{Q_{ab}} = 16.1\%$

(4) 循环过程的效率：$\eta = 1 - \dfrac{Q_{ca}}{Q_{ab}+Q_{bc}} = 10.8\%$

4. 解

(1) 根据题目所给条件可知，解图 3.2 中右侧气体应该作绝热压缩，即

$$p_0 V_0^\gamma = p_2 V_2^\gamma \Rightarrow V_2 = (p_0 V_0^\gamma / p_2)^{1/\gamma} \Rightarrow V_2 = 16 \text{ L}$$

$$\nu_1 = \nu_2 = p_0 V_0 / RT_0 = 2.41 \text{ mol}$$

$$A = \int p\,dV = \int \dfrac{p_0 V_0^\gamma}{V^\gamma} dV = -\Delta E = \nu_2 C_{V,m}(T_2 - T_0)$$

$$A = -1.0116 \times 10^4 \text{ J}$$

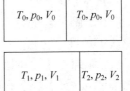

解图 3.2

(2) 根据 $p_2 V_2 = \nu_2 R T_2 \Rightarrow T_2 = 615 \text{ K}$

(3) 根据 $V_1 = V - V_2 = 108 - 16 = 92 \text{(L)}$

达到平衡时两边压强相等，即 $p_1 = p_2$。根据

$$p_1 V_1 = \nu_1 R T_1 \Rightarrow T_1 = 3533 \text{ K}$$

(4) 由于绝热圆桶的总体积不变，故不做功，根据热力学第一定律，绝热圆桶从外界吸收的热量

$$Q_2 = Q = \nu_1 C_{V,m}(T_1 - T_0) + \nu_2 C_{V,m}(T_2 - T_0)$$

$$Q_2 = \nu_1 C_{V,m}(T_1 + T_2 - 2T_0)$$

$$Q_2 = 2.41 \times 1.5 \times 8.31 \times (3533 + 615 - 2 \times 273) = 1.082 \times 10^5 \text{(J)}$$

5. 解 设 A 室初态为 (p_0, V_0, T_0)，B 室初态为 (p_0, V_0, T_0)；A 室末态为 (p, V_A, T_A)，B 室初态为 (p, V_B, T_B)。根据理想气体的状态方程，

$$pV = NkT$$

$$pV_A = NkT_A \tag{1}$$

$$pV_B = NkT_B \tag{2}$$

式(1)/式(2)，得

$$T_A - 2T_B = 0 \tag{3}$$

由于汽缸的体积是不变（做功为 0），电热丝的热量全部变成了两室内能的增量，即

$$\dfrac{3}{2}NkT_A + \dfrac{3}{2}NkT_B - 2 \times \dfrac{3}{2}NkT_0 = Q$$

$$T_A + T_B = \dfrac{2}{3Nk}(Q + 3NkT_0) \tag{4}$$

由式(3)、式(4)可得

$$T_A = \dfrac{4T_0}{9p_0 V_0}(Q + 3p_0 V_0), \quad T_B = \dfrac{2T_0}{9p_0 V_0}(Q + 3p_0 V_0)$$

6. 解 设冷冻室温度 $T_2 = 273 \text{ K} - 10 \text{ K} = 263 \text{ K}$，室温 $T_1 = 273 \text{ K} + 15 \text{ K} = 288 \text{ K}$，外界做功 $A' = 10^3 \text{ J}$，依据卡诺制冷系数 $\varepsilon = \dfrac{T_2}{T_1 - T_2} = \dfrac{Q_2}{A'} \Rightarrow \dfrac{263}{288 - 263} = \dfrac{Q_2}{10^3}$

则电冰箱从冷冻室中吸收出的热量

$$Q_2 = 1.05 \times 10^4 \text{ J}$$

三、思考题

1. 答：内能：是指物体内所有分子作无规则运动时,分子动能和分子势能的总和。

热能：是内能的通俗说法,实际上与内能有区别。热能是指分子热运动的分子动能,是内能的一部分,是分子无规则运动具有的能量。

热量：是在热传导方式下物体之间所交换能量的一种量度。

(1) 物体温度越高,分子运动就越剧烈,但不一定表明向其他系统放热,所以问题(1)的说法不正确。

(2) 对一定量的理想气体,内能是温度的单值函数,温度越高,内能越大。如果不是理想气体,必须考虑分子间的相互作用势能。温度升高,虽然热运动动能增加,但体积变化也可使分子间的势能降低,因而内能仍可能减少。所以问题(2)的说法也不完全正确。

2. 答：不一定,如果在 p-V 图上用一条实曲线表示其过程,那一定是准静态过程；理想气体经过自由膨胀由状态(p_1,V_1)改变到状态(p_2,V_2),这一过程不能用一条等温线表示,因此过程属于自由膨胀过程而不属于准静态过程。

3. 答：有可能。若气体是等温膨胀过程,气体从外界吸收的热量全部用来对外做功。根据热力学第一定律,其内能增量为零,故气体保持温度不变。

有可能不作任何热交换,而使系统的温度发生变化。例如,对理想气体作绝热压缩,与外界就没有热量交换,但系统的温度升高了。

4. 答：不会,电冰箱的工作原理只是把热量从冰箱门里转移到冰箱后面,并没有使总热量减少,加上压缩机工作发热,房间会越来越热；用一台热泵可以使房间降温,是因为热泵可以从房间吸走热量,从而使房间温度降低,例如空调。

单元 3 热力学第二定律

一、填空题

1. 从概率较小的状态到概率较大的状态；状态概率增大(或熵增加)
2. 大量微观粒子热运动所引起的无序性；增加
3. b,b,c
4. A 球能达到的最高温度为 $\frac{31}{16}T_0$；熵增量为 $\mathrm{d}S = \int_{T_0}^{\frac{31}{16}T_0} \frac{mc\,\mathrm{d}T}{T} = mc\ln\left(\frac{31}{16}\right)$

二、计算题

1. 熵的变化为 $\Delta S = \Delta S_1 + \Delta S_2 = mc\ln\frac{T_m}{T_0} + \frac{mL}{T_m}$

2. 人体的熵增 $\Delta S_1 = \int \frac{\mathrm{d}Q}{T} = \frac{\Delta Q}{T} = \frac{-8\times 10^6}{36+273} = -2.59\times 10^4 \text{ (J/K)}$

环境的熵增 $\Delta S_2 = \int \frac{\mathrm{d}Q}{T} = \frac{\Delta Q}{T} = \frac{8\times 10^6}{273} = 2.53\times 10^4 \text{ (J/K)}$

一天之内的熵产生 $\Delta S = \Delta S_1 + \Delta S_2 = 3.4\times 10^3 \text{ (J/K)}$。

三、思考题

1. 答：不可能有 2 个交点。

反证法。假设有两个交点 a 和 b,在这两个交点,压强 p 和体积 V 的乘积相等,也就是说它们的温度相等($T_a=T_b$),气体的内能不变($\Delta E=0$)。而它们又在同一条绝热线上,所以从$a\sim b$,气体既不吸热,也不放热(即$Q=0$)。由$Q=\Delta E+A$(热力学第一定律)知:$Q=0,\Delta E=0$,一定有$A=0$,说明既没有气体对外做功,也没有外界压缩气体做功。也就是说,气体的体积不变($\Delta V=0$),而在p-V图的等温线上,不同的点,气体的体积是不同的。所以不会有两个交点。

2. 答:可能,但是长时间以后,由于热交换,两个问题还是会相同的。不违背热力学第一定律,也不违背第二定律。由于吸收了外面的能量,才会使一些水温度升高变成蒸汽。

3. 答:不能。若等温线与Ⅰ和Ⅱ两个绝热线相交,就构成了一个循环。这个循环只有一个单一热源,它把吸收的热量全部转变为功,并使周围环境没有变化,这是违背热力学第二定律的。所以,这样的循环是不可能构成的。

4. 答:可逆过程的定义是:无摩擦和无能耗的准静态过程。所以可逆过程一定是准静态过程,反过来,准静态过程不一定是可逆过程,因为有可能伴随摩擦,摩擦一定会引起能耗,凡涉及能耗的过程一定是不可逆的。

若两物体有热交换时,可逆过程要求:两物体之间温差要无限小,所以接触的物体,如果它们之间温差是有限的,热交换过程是不可逆的;如果它们之间温差是无限小,热交换过程是可逆的。

5. 答:卡诺热机的效率$\eta=1-\dfrac{T_2}{T_1}$,而制冷系数$\varepsilon=\dfrac{T_2}{T_1-T_2}$,$T_1$与$T_2$温差越大,即$\dfrac{T_2}{T_1}$就越小,所以其效率$\eta$就越大,对于做功就越有利;$\dfrac{T_1}{T_2}$就越大,$\varepsilon$就越小,制冷就越困难。

6. 答:不矛盾。因为熵增加原理只适应于孤立系。此处水与环境交换能量,水并不是孤立系。如果把水和环境一起算在系统内构成一个孤立系统,则水的熵虽然减少了,但环境由于吸热而熵增加了。由于传热是在有限的条件下产生的,水和环境构成的孤立系的总熵还是增加了。

7. 根据熵的定义$dS=dQ/T$,其中dQ是微元可逆过程的吸热量,$Q=$积分(TdS)是有意义的,就是当系统从初态经历一个可逆过程达到终态的吸热量,这个吸热量不同于(相同始末态的)不可逆过程吸热量。热量是过程量,相同始末态但路径不同,或可逆与不可逆,数值通常都是不同的。所以,熵增由两部分构成,可逆部分(=吸热部分)和不可逆部分。不可逆部分的dS不可以乘以T,即TdS积分后没意义。

第四部分 光 学

单元1 振动

一、填空题

1. 0.03 m;2π s^{-1};1 s;$\pi/4$;0.19 m/s;1.18 m/s^2;

2. $-\dfrac{5\pi}{6}$

3. π

4. $\sqrt{2}/2$

5. $x = x_0 \cos\left[\sqrt{\dfrac{k_1+k_2}{m}}t + \pi\right]$

6. $\sqrt{2}T$

7. 2.4 s

8. 2ν

9. 3/4

二、计算题

1. **解** $k = f/x = 100$ N/m，代入 $\omega = \sqrt{k/m} = 10$ rad/s

（1）选平衡位置为原点，x 轴指向下方，

$$t = 0 \text{ 时}, \quad x_0 = 0.1 = A\cos\phi, \quad v_0 = 0 = -A\omega\sin\phi$$

解以上两式得 $\qquad A = 0.1$ m, $\quad \phi = 0$

故振动方程 $x = 0.1\cos(10t)$ (SI)

（2）设 t_1 时刻物体在平衡位置，此时 $x = 0$，即

$$0 = A\cos\omega t_1, \quad \text{或} \quad \cos\omega t_1 = 0$$

由于此时物体向上运动，$v < 0$，故

$$\omega t_1 = \pi/2, \quad t_1 = \pi/2\omega = \pi/20 \text{ s}$$

再设 t_2 时物体在平衡位置上方 5 cm 处，此时 $x = -0.05$，即

$$-0.05 = A\cos\omega t_2, \quad \cos\omega t_2 = -1/2$$

因 $\qquad v < 0, \quad \omega t_2 = 2\pi/3$

故 $\qquad t_2 = 2\pi/3\omega = \pi/15$ s

$$\Delta t = t_1 - t_2 = 0.052 \text{ s}$$

2. **解** 设振动方程为 $x = A\cos(\omega t + \phi)$

由曲线可知 $A = 0.1$ m, $t = 0, x_0 = -0.05 = 0.1\cos\varphi, v_0 = -0.1\omega\sin\varphi < 0$

解上面两式，可得 $\qquad \phi = 2\pi/3$

由图 4.5 可知质点由位移为 $x_0 = -0.05$ m 和 $v_0 < 0$ 的状态到 $x = 0$ 和 $v > 0$ 的状态所需时间 $t = 1$ s，代入振动方程得

$$0 = 0.1\cos(\omega + 2\pi/3) \quad (SI)$$

则有 $\omega + 2\pi/3 = 3\pi/2$，

即 $\qquad \omega = 5\pi/6$

故所求振动方程为 $\quad x = 0.1\cos(5\pi t/6 + 2\pi/3)$ (SI)

3. **解** 将 x_2 改写成余弦函数形式：

$$x_2 = 0.03\sin(\pi - 3t) = 0.03\cos\left(3t - \dfrac{\pi}{2}\right)$$

由矢量解图 4.1 可知，x_1 和 x_2 反相，合成振动的振幅

$$A = A_1 - A_2 = 0.06 - 0.03 = 0.03 \text{(m)}$$

初相 $\varphi = \varphi_1 = \dfrac{\pi}{2}$

解图 4.1

所以，合振动的方程为
$$x = 0.03\cos\left(3t + \frac{\pi}{2}\right)$$

三、思考题

1. 答：物体往复运动时，如果在平衡位置附近的位移（或角位移）按余弦或正弦函数的规律随时间变化，这种运动就叫简谐运动。

只要物体的运动满足下列情况之一者即可判断为作简谐运动：

(1) 离开平衡位置的位移 x 和时间 t 之间满足方程 $x = A\cos(\omega t + \varphi)$；

(2) 加速度 a 和位移 x 之间满足方程：$a = -\omega^2 x$；

(3) 回复力 f 和位移 x 之间满足方程：$f = -kx$；

(4) 位移 x 满足简谐运动振动方程：$\frac{d^2 x}{dt^2} + \omega^2 x = 0$

如果一个物体只受到一个使它返回平衡位置的力并不能说它一定作简谐运动，还必须满足回复力 f 和位移 x 成正比才可。

2. 答：对单摆系统，其周期为 $T = 2\pi(l/g)^{1/2}$，由于月球上的 g 约为地球上的 $1/6$，故把单摆拿到月球上其周期会变大。

而弹簧振子的周期为 $T = 2\pi(m/k)^{1/2}$ 仅决定于系统本身的性质，即弹簧振子的质量和弹簧的弹性系数，而与地球和月球无关，因此，在地球上和月球上同一弹簧振子的周期是相同的。

同样，无论是竖直还是水平放置弹簧振子，若振动系统一定，振动周期就一定，与振子的运动方向无关。

3. 答：弹簧振子的周期由系统的惯性和弹性决定，惯性越大则周期也越大。这个结论也可由严格求解得出。

4. 稳态受迫振动的频率等于驱动力的频率，它决定于外部因素，而和振动系统本身的性质无关。只有系统的固有频率才决定于系统本身的性质。

单元 2 波动

一、填空题

1. $2\pi/C$；B/C；CL

2. $y = 2 \times 10^{-2} \cos\left(\frac{\pi}{2}t - \frac{\pi}{10}x - \frac{\pi}{2}\right)$

3. $y = A\cos\left[\omega\left(t + \frac{x}{u}\right) + \pi\right]$

4. 不同；相同

5. 最大；最大

6. 637.5 Hz；566.7 Hz

7. $y_2 = A\cos(3\pi t - 0.75\pi)$

8. $x = \pm\frac{1}{2}k\lambda$

二、计算题

1. 解 （1）O 处质点，$t=0$ 时，
$$y_0 = A\cos\phi = 0, \quad v_0 = -A\omega\sin\phi > 0$$
所以 $\varphi = -\dfrac{1}{2}\pi$

又 $T = \lambda/u = (0.40/0.08)\text{s} = 5 \text{ s}$

故波动表达式为 $y = 0.04\cos\left[2\pi\left(\dfrac{t}{5} - \dfrac{x}{0.4}\right) - \dfrac{\pi}{2}\right]$ (SI)

（2）P 处质点的振动方程为
$$y_P = 0.04\cos\left[2\pi\left(\dfrac{t}{5} - \dfrac{0.2}{0.4}\right) - \dfrac{\pi}{2}\right]$$
$$= 0.04\cos\left(0.4\pi t - \dfrac{3\pi}{2}\right) \quad \text{(SI)}$$

2. 解 设 $x=0$ 处质点的振动方程为
$$y = A\cos(2\pi\nu t + \phi)$$
由图 4.10 可知，$t = t'$ 时，
$$y = A\cos(2\pi\nu t' + \phi) = 0$$
$$\mathrm{d}y/\mathrm{d}t = -2\pi\nu A\sin(2\pi\nu t' + \phi) < 0$$
所以 $\quad 2\pi\nu t' + \phi = \pi/2, \quad \varphi = \dfrac{1}{2}\pi - 2\pi\nu t'$

$x=0$ 处的振动方程为 $\quad y = A\cos\left[2\pi\nu(t-t') + \dfrac{1}{2}\pi\right]$

该波的表达式为 $\quad y = A\cos\left[2\pi\nu(t - t' - x/u) + \dfrac{1}{2}\pi\right]$

3. 解 入射波的波动方程为 $y = A\cos\left[\omega\left(t - \dfrac{x}{u}\right) - \dfrac{\pi}{2}\right]$

入射波在 P 点的振动方程为 $y = A\cos\left[\omega\left(t - \dfrac{L}{u}\right) - \dfrac{\pi}{2}\right]$

反射波在 P 点的振动方程为
$$y = A\cos\left[\omega\left(t - \dfrac{L}{u}\right) - \dfrac{\pi}{2} + \pi\right]$$

故反射波的波动方程为
$$y = A\cos\left[\omega\left(t - \dfrac{L}{u} - \dfrac{L-x}{u}\right) - \dfrac{\pi}{2} + \pi\right]$$

整理得
$$y = A\cos\left[\omega\left(t - \dfrac{2L-x}{u}\right) + \dfrac{\pi}{2}\right]$$

4. 解 （1）由形成驻波的条件，可知待求波的振幅、频率和波长均与已知波相同，传播方向为 x 轴的负方向。又知 $x=0$ 处待求波与已知波同相位，所以待求波的表达式为
$$y_2 = 0.05\cos\left(2\pi t + \dfrac{\pi x}{4}\right)$$

(2) 驻波表达式：$y=y_1+y_2$

故 $$y=0.1\cos\left(\frac{\pi x}{4}\right)\cos(2\pi t) \quad (SI)$$

波节位置由下式求出： $\frac{\pi x}{4}=\frac{1}{2}\pi(2k+1), \quad k=0,\pm1,\pm2,\cdots$

故 $x=4k+2, \quad k=0,\pm1,\pm2,\cdots$

三、思考题

1. 答：波动的周期与波源的振动周期相同，与媒质无关；波的频率是周期的倒数也与媒质无关；在机械波进入不同媒质时，这二者不发生变化。波速与传播媒质的性质有关，故在不同媒质中波速发生变化。波长是一个周期内波传播的距离，与波速和周期有关，不同媒质中波速变化，周期不变，故不同媒质中波长发生改变。

2. 答：在波的传播过程中，振动状态在单位时间内传播的距离叫做波速。

波速和质点的振动速度是两个不同的概念。在横波中，波速与质点的振动速度相互垂直，在纵波中，波速与质点的振动速度相互平行。质点振动速度是时间的函数，而波速只与介质的弹性模量和密度有关。

3. 答：由频率相同、振动方向相同、相位相同或相位差恒定的两个波源所发出的波在空间相遇，出现某些点振动始终加强，某些点振动始终减弱或完全抵消的现象称为波的干涉现象。两相干波在空间相遇叠加时，干涉加强或减弱的条件由两波在该点处的相位差决定。当相位差为 $\pm 2k\pi,(k=0,1,2,\cdots$时)，振幅最大，振动加强；当相位差为 $\pm(2k+1)\pi,(k=0,1,2,\cdots$时)，振幅最小，振动减弱。

4. 答：两列振幅相同的相干波，在同一直线上沿相反方向传播叠加时，形成驻波。驻波是稳定的分段振动，振幅为零的点称为波节，振幅最大的点称为波腹。波节和波腹的位置不随时间改变，波形不向前传播，即驻波不是振动的传播，而是介质中所有的点都在作稳定的振动。同一时刻两波节之间各质点同相振动，同一时刻波节两侧各质点反相振动。在驻波中没有振动状态或相位的传播，也没有能量的传播，所以称之为驻波。

5. 答：所谓"半波损失"是指波由波疏媒质向波密媒质传播时，在反射点处，反射波的相位与入射波的相位差 π。而相位相差 π 的两个点，在同一波线上的空间距离就相差半个波长，所以才称为半波损失。

如果波是由波密媒质向波疏媒质传播时，在反射点处反射波与入射波的相位相同，即没有半波损失。

而对于折射波，不论波是由波疏媒质向波密媒质传播，还是由波密媒质向波疏媒质传播，在折射点处折射波和入射波的相位都相同，即没有半波损失。

6. 答：当波源与观察者之间有相对运动时，观察者所接收到的波频率与波源所发射的波的频率不同，这种现象称为多普勒效应。

单元 3 光的干涉

一、填空题

1. $\delta=2ne+\lambda/2$
2. $2\pi[r_2+(n_2-1)t_2]-[r_1+(n_1-1)t_1]/\lambda$
3. 0.504 6

4. 5

5. 上玻璃板的下,下玻璃板的上,$4\pi e/\lambda + \pi$

6. 向中心收缩,紫,红

7. 1.63

8. 条纹间隔不变,条纹逐渐向上平移

二、计算题

1. **解** 设空气劈和液体劈的相邻条纹间隔分别为 L 和 L',根据劈尖干涉相邻条纹间隔公式

$$L = \frac{\lambda}{2\theta} = \frac{450 \times 10^{-6}}{2 \times 1.5 \times 10^{-4}} = 1.5 \text{(mm)} \tag{1}$$

$$L' = \frac{\lambda}{2n\theta} \tag{2}$$

根据已知条件,有

$$L'/L = 1/2 \tag{3}$$

联立求解式(1)~式(3),可得

$$n = 2$$
$$L' = 0.75 \text{ mm}$$

2. **解** 根据牛顿环干涉暗环公式 $r_k = \sqrt{kR\lambda}$,得到平凸透镜的直径和15级暗环的直径分别为

$$D = 2R = \frac{2r_k^2}{k\lambda} = \frac{2r_{10}^2}{10\lambda} = \frac{2 \times 1.5^2}{10 \times 589.3 \times 10^{-6}} = 764 \text{(mm)} = 0.764 \text{ m}$$

$$d_{15} = 2r_{15} = 2\sqrt{15R\lambda} = 2\sqrt{15 \times 382 \times 589.3 \times 10^{-6}} = 3.68 \text{(mm)}$$

3. **解** 根据题意,得到

$$(n-1)a = 7\lambda$$

$$n = \frac{7\lambda}{a} + 1 = \frac{7 \times 550 \times 10^{-3}}{5} + 1 = 1.77$$

4. **解** $\delta = 2n_{\text{MgF}_2} e + \frac{\lambda}{2} = k\lambda$

$$e = \frac{k\lambda - \lambda/2}{2n_{\text{MgF}_2}} = \frac{1 \times \lambda - \lambda/2}{2n_{\text{MgF}_2}} = \frac{\lambda}{4n_{\text{MgF}_2}} = \frac{500}{4 \times 1.38} = 90.58 \text{(nm)}$$

5. **解** (1) 设 O 点上方 O' 点为零级明条纹,光程差

$$\delta = (l_2 + r_2) - (l_1 + r_1) = 0 \tag{1}$$

根据已知条件 $l_1 - l_2 = 3\lambda$,并对公式(1)进行整理,有

$$r_2 - r_1 = l_1 - l_2 = 3\lambda \tag{2}$$

又

$$r_2 - r_1 \approx d\Delta x_{OO'}/D \tag{3}$$

联立求解公式(2)和式(3),得到

$$\Delta x_{O'} = D(r_2 - r_1)/d = 3D\lambda/d$$

(2) 在屏上距 O 点为 x 处,光程差为

$$\delta = (l_2 + r_2) - (l_1 + r_1) = (r_2 - r_1) + 3\lambda \approx xd/D + 3\lambda \tag{4}$$

根据明纹条件 $\delta = \pm k\lambda (k=0,1,2,\cdots)$ 和公式(4)得到明纹的位置为
$$x_k = (\pm k\lambda - 3\lambda)D/d \tag{5}$$
根据公式(5)得到相邻明纹间距为
$$\Delta x = x_{k+1} - x_k = D\lambda/d$$

6. 解

明纹条件：$\phi_2 - \phi_1 + 2\pi[(n-1)t + r_1 - r_2]/\lambda = 2k\pi, k = 0, \pm 1, \pm 2, \cdots$

暗纹条件：$\phi_2 - \phi_1 + 2\pi[(n-1)t + r_1 - r_2]/\lambda = (2k+1)\pi, k = 0, \pm 1, \pm 2, \cdots$

三、思考题

1. 干涉条纹由外向内收缩。

2. (1)干涉条纹间隔不变，但条纹整体向下(入射光变为斜向下入射时)或向上移动(入射光变为斜向上入射时)；(2)干涉条纹向中心靠近，条纹间隔变小。

3. 干涉条纹向中心收缩。

单元4 光的衍射

一、填空题

1. $\lambda/2$；2λ

2. 1.03×10^{-4} rad

3. 11.62 km

4. 7

5. 7

6. 8；第 2 级暗

7. 690 nm

8. 较大

9. 窄；减少

二、计算题

1. 解 (1) 根据单缝衍射暗纹条件 $a\sin\theta = k\lambda$，给出 1 级暗纹公式为
$$a\sin\theta_1 = \lambda$$
中央明纹的宽度为
$$\Delta x = 2x_1 = 2f\tan\theta_1 \approx 2f\sin\theta_1 = 2f\lambda/a = \frac{2 \times 1 \times 4\,000 \times 10^{-10}}{1.6 \times 10^{-4} \times 10^{-2}} = 0.5 \text{(m)}$$

(2) 根据单缝衍射一级暗纹公式和光栅方程，即
$$a\sin\theta_1 = \lambda \tag{1}$$
$$d\sin\theta_1 = k\lambda \tag{2}$$
联立求解公式(1)和式(2)，得到光栅衍射第 1 个缺级的级次为
$$k = \frac{d}{a} = 3 \tag{3}$$
所以，在单缝衍射主极大范围内呈现的光栅主极大明条纹为 5 条，即 $0, \pm 1, \pm 2$。

(3) 根据上面分析，缺级的级次为 $\pm 3, \pm 6, \pm 9$ 等。

又根据光栅方程 $d\sin\theta = k\lambda$，得到接收屏上可能呈现的光栅衍射主极大明条纹的最高级次为

$$k_{\max} = \frac{d}{\lambda} = \frac{4.8 \times 10^{-4}}{4\,000 \times 10^{-8}} = 12$$

所以,屏幕上可能呈现的全部级次为 $0, \pm 1, \pm 2, \pm 4, \pm 5, \pm 7, \pm 8, \pm 10, \pm 11$。

2. 解

(1) $nd\sin\theta = k\lambda, k = 0, \pm 1, \pm 2$

$\sin\theta = k\lambda/nd, k = 0, \pm 1, \pm 2$

(2) $Nnd\sin\theta = k'\lambda, k' = 0, \pm 1, \pm 2$,但是 $k' \neq nk$

$\sin\theta = k'\lambda/(Nnd), k' = 0, \pm 1, \pm 2$,但是 $k' \neq nk$

(3) $(2d/a) - 1$

3. 解

(1) 本题为双缝光栅衍射,有光栅方程

$$d\sin\theta = k\lambda, \quad k = 0, \pm 1, \pm 2, \pm 3, \cdots \tag{1}$$

k 级明条纹的位置坐标为

$$x_k = f\tan\theta \approx f\sin\theta = kf\lambda/d \tag{2}$$

明纹间距为

$$\Delta x = x_{k+1} - x_k = f\lambda/d$$

代入数据,得

$$\Delta x = 0.75 \text{ mm}$$

(2) 单缝衍射中央明纹宽度为

$$\Delta x_0 = 2f\lambda/a = 2 \times \frac{30 \text{ cm} \times 500 \text{ nm}}{0.02 \text{ mm}} = 15 \text{ mm}$$

(3) 根据缺级公式

$$k = \frac{d}{a}k'$$

当 $k' = 1$ 时(对应于单缝衍射的中央明纹的边缘),$k = \frac{d}{a} = 10$

所以,$k = 0, \pm 1, \pm 2, \pm 3, \pm 4, \pm 5, \pm 6, \pm 7, \pm 8, \pm 9$。

4. 解 (1) 根据斜入射光栅方程 $d\sin\theta - d\sin 30° = k\lambda$,当 $k = 1$ 时,得

$$\lambda = d(\sin\theta_1 - \sin 30°) = \frac{1 \times 10^{-2}}{5\,000} \times (\sin 45° - \sin 30°) = 400 \text{(nm)}$$

(2) 当 $k = \pm 2$ 时,得

$$\sin\theta_2 = \sin 30° \pm \frac{2\lambda}{d} = 0.5 \pm \frac{2 \times 400 \times 10^{-7}}{1/5\,000} = 0.9$$

$$\theta_2 = \arcsin 0.9 = 64°9'$$

5. 解 (1) 根据缺级条件得到

$$k = \frac{d}{a}k' = \frac{0.3}{0.1}k' = 3k', \quad k' = \pm 1, \pm 2, \pm 3, \cdots$$

所以,缺级的级次为

$$k = \pm 3, \pm 6, \pm 9, \cdots$$

(2) 光强分布曲线示意图如解图 4.2 所示。

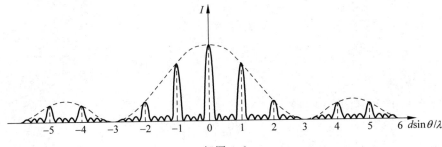

解图 4.2

单元 5 光的偏振

一、填空题

1. $3I_0/4, 3I_0/16$

2. 线偏振光

3. 1.73

4. 光路及振动方向如解图 4.3 所示。

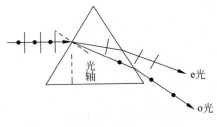

解图 4.3

5. 光轴

6. 7

7. 部分偏振，31°

8. 58°

9. 49°6′

10. 负

二、计算题

1. **解** 根据布儒斯特定律，得到水的折射率为
$$n = \tan i_0 = \tan 55° = 1.428$$

2. **解** 设光透过 A、B、C 片后的光强分别用 I_A，I_B 和 I_C 表示。根据马吕斯定律，得

$$I_B = I_A (\cos\theta_{AC})^2 = \frac{1}{2} I_0 (\cos\theta_{AC})^2 = \frac{1}{2} I_0 (\cos 30°)^2 = \frac{3}{8} I_0$$

$$I_C = I_B (\cos\theta_{CB})^2 = \frac{3}{8} I_0 (\cos 60°)^2 = \frac{3}{32} I_0$$

3. **解** 如解图 4.4 所示，设 i_1 和 i_2 分别为水面和云母片表面的布儒斯特角，γ 为水面下的折射角，由布儒斯特定律知

$$\tan i_1 = n_1 = 1.35$$
$$i_1 = 53°28'$$
$$\tan i_2 = \frac{n_2}{n_1} = \frac{1.60}{1.35} = 1.185$$
$$i_2 = 49°50'$$

根据 △ABC 内角和为 180°，即

$$\theta + (90° + \gamma) + (90° - i_2) = 180° \quad (1)$$

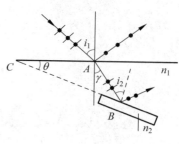

解图 4.4

又由布儒斯特定律和折射定律得

$$i_1 + \gamma = 90° \quad (2)$$

联立求解公式(1)和式(2)，得

$$\theta = i_1 + i_2 - 90° = 13°18'$$

第五部分 量子力学

单元 1 波粒二象性

一、填空题

1. 6.22×10^{-6}，3.32×10^{-33}

2. $\nu \geq 7.24 \times 10^{14}$ Hz

3. 4.86×10^{-3}

4. $Dh/(dp)$

5. t 时刻，在 r 附近的单位体积内发现粒子的概率

二、计算题

1. **解** $\nu_m = C_\nu T = 5.88 \times 10^{10} \times (5\,000 + 273) = 3.10 \times 10^{14}$ (Hz)

恒星单位时间向外辐射出的能量：

$$P = \sigma T^4 4\pi R^2$$
$$= 5.67 \times 10^{-8} \times (5\,000 + 273)^4 \times 4 \times \pi \times (7.0 \times 10^8)^2 = 2.70 \times 10^{26} \text{(J)}$$

恒星因辐射而单位时间丢失的质量：$\Delta m = P/c^2 = 3.00 \times 10^9$ (kg)

2. **解** (1) 根据光电效应方程，电子的最大动能 $\frac{1}{2} m v_m^2 = h\nu - A = 3.5 - 2.0 = 1.5$ (eV)

$$v_m = \sqrt{2 \times 1.5 \times 1.6 \times 10^{-19} / 9.11 \times 10^{-31}} = 7.26 \times 10^5 \text{ (m/s)}$$

相应的德布罗意波长：

$$\lambda = h/p = 6.63 \times 10^{-34} / (9.11 \times 10^{-31} \times 7.26 \times 10^5) = 1.00 \times 10^{-9} \text{ (m)}$$

(2) 此种金属的红限频率：

$$\nu_0 = A/h = 2.0 \times 1.6 \times 10^{-19} / 6.63 \times 10^{-34} = 4.83 \times 10^{14} \text{ (Hz)}$$

3. **解** 根据康普顿散射中能量守恒：$h\nu_0 + m_0 c^2 = h\nu + m c^2$

可得反冲电子的动能 $E_k = m c^2 - m_0 c^2 = h\nu_0 - h\nu = hc/\lambda_0 - hc/(\lambda_0 + \lambda_c(1 - \cos\varphi))$

式中 m_0 为电子静止质量，$\lambda_c = h/m_0 c = 2.43 \times 10^{-3}$ nm 为电子的康普顿波长。

4. **解** 质子的康普顿波长：$\lambda = h/(m_p c) = 1.32 \times 10^{-15}$ m

电子的动量大小：
$$p = h/\lambda = m_p c = 5.01 \times 10^{-19} (\text{kg} \cdot \text{m/s})$$

电子的总能量：
$$E = \sqrt{m_e^2 c^4 + p^2 c^2} \approx pc = 1.5 \times 10^{-10} (\text{J})$$

5. **解** 由不确定关系
$$\Delta p_x = \hbar/(2\Delta x) = \hbar/(2d) = 5.28 \times 10^{-26} (\text{kg} \cdot \text{m/s})$$

而
$$\Delta p_y = \hbar/(2\Delta y) \approx 0$$

单元2 氢原子的玻尔理论

一、填空题

1. $-13.6/n^2$，-13.6
2. 0.967
3. $13.6(1/n_1^2 - 1/n_2^2)$
4. 3,657
5. 1
6. 2
7. 3